大学物理实验
(第2版)

主编　毕会英

北京航空航天大学出版社

内容简介

本书是根据教育部《理工科类大学物理实验课程教学基本要求》，借鉴国内物理实验教学和实验研究的最新成果，在《大学物理实验》教材第1版的基础上重新编写而成的。

全书包括绪论和22个实验项目，内容涵盖了力学、热学、电磁学、光学和近代物理等实验内容。既包括一些经典的基础物理实验，比如：静态拉伸法测材料的弹性模量、空气比热容比的测量、示波器的使用、分光仪的使用和光栅等；也包括一些综合性和设计性的实验，比如：受迫振动的研究、光电效应、弗兰克-赫兹实验、电桥测电阻、光的干涉、全息照相、太阳能电池的基本特性研究等。

本书概念阐述简洁明了，实验方法巧妙、先进、可操作性强；实验仪器配有详细的图片和文字介绍，数据记录表格设计合理，便于学生预习和进行实验数据记录，是一本实用的实验教材和实验实习训练用书。

本书可作为高等院校理工科类各专业的基础物理实验教学用书或参考书，也可供其他专业参考使用。

图书在版编目(CIP)数据

大学物理实验 / 毕会英主编. -- 2版. -- 北京 :
北京航空航天大学出版社，2019.1
ISBN 978-7-5124-2867-6

Ⅰ. ①大… Ⅱ. ①毕… Ⅲ. ①物理学－实验－高等学校－教材 Ⅳ. ①O4-33

中国版本图书馆CIP数据核字(2018)第256416号

大学物理实验(第2版)
主编 毕会英
责任编辑 尤 力
*
北京航空航天大学出版社出版发行
北京市海淀区学院路37号(邮编100191) http://www.buaapress.com.cn
发行部电话：(010)82317024 传真：(010)82328026
读者信箱：bhpress@263.net 邮购电话：(010)82316936
北京时代华都印刷有限公司印装 各地书店经销
*
开本：787×1 092 1/16 印张：16 字数：410千字
2019年4月第2版 2023年8月第4次印刷 印数：5 001～6 500册
ISBN 978-7-5124-2867-6 定价：49.80元

《大学物理实验(第2版)》编委会

主编　毕会英

参编　徐义爽　蔡桂双　张　欣

王　刚　穆春燕　黄宇鹏

再版前言

《大学物理实验》自2013年8月出版以来，得到了广大师生的厚爱。经过5年的教学实践，我们再次根据积累的经验，汲取使用本书的读者、同行们所提出的宝贵意见，在保持第1版教材的特色、组织结构和内容体系不变的基础上，根据教学需要对教材内容进行了六个方面的修订。修订的主要内容有：

第一，对第1版中在排版、编辑、内容等方面存在的纰漏和差错进行了订正。通过修订，力求做到概念准确、表述正确、公式精准。

第二，对实验序号做了重新编排。

第三，根据更新后的新型实验仪器，对实验3、实验8、实验9、实验13的内容进行了更新和重新编写，增加了更新后的仪器图片和仪器介绍，保障了实验仪器与实验内容的一致性，便于学生更好地了解仪器的性能和操作方法。

第四，根据教学需要和不同专业学生的专业需求，新增了6个实验项目。分别是：实验6测量(非)线性电阻的伏安特性、实验10动态磁滞回线实验、实验15电子电荷e值的测定、实验16微波光学实验、实验21力学量和热学量传感器、实验22太阳能电池的基本特性研究。实验项目的增加有助于学生学习更多的经典实验内容和方法，了解更多的新技术和新方法，同时任课教师可根据不同专业学生的专业特点有针对性地选择教学内容进行因材施教。

第五，增加了与实验内容相关的4个附录。分别为附录H材料相对磁导率表、附录I铜电阻Cu50的电阻-温度特性、附录J铂电阻Pt100分度表、附录K铜-康铜热电偶分度表。

第六，将所有实验项目的实验数据记录表格作为附录L，单独列出放在教材最后，以便学生裁剪下来，课上记录数据使用。

本书的修订工作由毕会英负责和执行。参加编写和修订的人员有毕会英(绪论、实验1、实验2、实验4、实验8、实验9、实验14)、徐义爽(实验3、实验5、实验13)、蔡桂双(实验10、实验15、实验16)、张欣(实验6、实验21、实验22)、王刚(实验12、实验17、实验20)、穆春燕(实验11、实验18、实验19)、黄宇鹏(实验7)。全书的框架体系设计、修订进程安排、统稿校对工作和定稿全部由毕会英完成。

在本书的修订和编写过程中，我们参阅了国内多位专家、学者的《大学物理实验》著作或译著，也参考了同行的相关教材和网络资料，在此对他们表示崇高的敬意和衷心的感谢！

由于作者水平有限，书中难免存在错漏和不妥之处，恳请专家、同行和读者不吝指正。

编　者

2019年1月

第1版前言

本书是在北京科技大学天津学院多年物理实验教学实践和历届大学物理实验讲义的基础上编写而成的，凝聚了历年参与物理实验教学教师的集体智慧。

本书旨在通过对学生实验思想、实验方法和实验技能的训练，逐步提高学生发现问题、思考问题、解决问题的能力，进而培养学生的实验思想、科学素养、创新意识和创新能力。本书是在考虑了大学一、二年级学生的知识水平、实验技能和实验条件的基础上，按照力学、热学、电学、光学的学科体系，从基础实验入手，顺次增加难度，逐步过渡到综合实验和设计性实验的思路安排编写内容。希望这种安排能更符合学科的结构体系和学生的认知规律，更有利于教师的教学和学生的自主学习，从而改善物理实验的教学效果，达到在实验教学过程中逐步培养学生的实验思想和研究意识，提高学生的科学素养和解决问题能力的目的。

本书在编写风格上注重强化实验思想和学生自主实验的教学理念。每一个实验都提供了较为详尽的基本原理、实验仪器、实验过程与操作步骤以及实验过程中可能遇到的问题等方面的信息，使学生在课前能够通过仔细阅读和认真思考，对所要研究的问题、解决问题的思路、实验方案的设计、实验的具体展开等做好充分准备。这样学生才有可能在课堂上尽可能地自主实验，并充分发挥他们的创造性。同时，每个实验都有设计合理的数据记录表格供学生参考使用，便于学生上课时进行数据记录和数据处理。因此，这本书既是一本教学用书，也是一本很好的实验训练用书。

本书在编写形式上借鉴了科学论文常用的形式，实验项目的主题主要包括[实验目的]、[实验仪器]、[实验原理]、[实验内容与测量]、[数据处理]、[讨论]和[结论]等，以使学生在阅读实验教材和撰写实验报告时熟悉科学论文的写作形式。[讨论]部分给出了一些思考题，提示学生对实验现象和实验数据加以分析和讨论，其目的是希望通过学生的自主思考，逐步提高他们提出问题、分析问题和解决问题的能力。[结论]部分提示学生，通过对实验现象和实验数据的分析和讨论得出自己的结论，从而提高其总结问题的能力。希望学生经过一段时间的课程实践训练和书写实验报告的规范化训练，科学论文的写作能力和独立解决问题的能力都会有所提高。

在本书的编写过程中，得到了北京科技大学天津学院实验室管理中心领导和全体教师的关心、帮助和大力支持，许学东教授对本书的编写提出了非常宝贵的意见，在此表示衷心的感谢！

同时，本书的编写参考了很多我国物理实验教学工作者编著的教材、著作和最新的教学科研成果，并通过网络搜集了大量的相关图片和资料，有些已经在参考文献中列出，有些未能一一列出，在此向他们一并表示衷心的感谢！

参加本书编写的有:毕会英(绪论、实验一、实验二、实验四、实验十)、王刚(实验三、实验五、实验十一)、黄宇鹏(实验六、实验七、实验八)、穆春燕(实验九、实验十四、实验十五)、徐义爽(实验十二、实验十三、实验十六)。附录部分、正文的体系框架、统稿和定稿由毕会英完成。

由于作者水平有限,书中难免存在错误和不妥之处,恳请读者批评指正。

编　者

2013年3月

目　录

绪　论

一、物理实验课简介

物理学从本质上说是一门实验科学。在物理学的建立和发展过程中,物理实验起着非常重要的作用。例如:赫兹的电磁波实验使麦克斯韦电磁场理论获得普遍承认;杨氏干涉实验使光的波动学说得以确立;卢瑟福的 α 粒子散射实验揭开了原子的秘密;近代高能粒子对撞实验使人们深入到物质的最深层(原子核和基本粒子的内部)来探索其规律性等。在长期的发展过程中,物理实验已形成了自己的一整套理论和方法体系。

对高等理工科院校的学生来说,物理实验是学生进行科学实验基本训练的一门必修课,也是学生进入大学后系统学习基本实验知识、实验方法和实验技能的开端。物理实验的知识、方法和技能对学生进行后续实践训练,以及毕业后从事各项科学实践和工程实践活动起着非常重要的作用。本课程通过对基本物理现象的观察分析,使学生能够掌握基本物理量的测量方法、常用实验仪器的结构原理和使用方法以及典型的实验思想等。它在培养学生严谨的治学态度、活跃的创新意识、理论联系实际和适应科技发展的综合应用能力等方面具有其他实践类课程不可替代的作用。

(一) 物理实验课程的任务及基本要求

2010 年教育部高等学校物理基础课程教学指导分委员会颁发的《理工科类大学物理实验课程教学基本要求》,明确了本课程的教学任务是:

(1) 培养学生的基本科学实验技能,提高学生的科学实验基本素质,使学生初步掌握实验科学的思想和方法。培养学生的科学思维和创新意识,使学生掌握实验研究的基本方法,提高学生的分析能力和创新能力。

(2) 提高学生的科学素养,培养学生理论联系实际和实事求是的科学作风、认真严谨的科学态度、积极主动的探索精神、遵守纪律、团结协作、爱护公共财产的优良品德。

同时,对教学内容提出了基本要求:

(1) 掌握测量误差的基本知识,具有正确处理实验数据的基本能力。

① 掌握测量误差与不确定度的基本概念,能逐步学会用不确定度对直接测量和间接测量的结果进行评估。

② 掌握处理实验数据的一些常用方法,包括列表法、作图法以及用计算机通用软件处理实验数据的基本方法。

(2) 掌握基本物理量的测量方法。

例如:长度、质量、时间、热量、温度、湿度、压强、压力、电流、电压、电阻、磁感应强度、光强度、折射率、电子电荷、普朗克常量、里德堡常量等常用物理量的测量,注意加强数字化测量技术和计算技术在物理实验教学中的应用。

(3) 了解常用的物理实验方法,并逐步学会使用。

例如:比较法、转换法、放大法、模拟法、补偿法、平衡法和干涉、衍射法,以及在近代科学研究和工程技术中的广泛应用的其他方法。

(4) 掌握实验室常用仪器的性能,并能够正确使用。

例如:长度测量仪器、计时仪器、测温仪器、变阻器、电表、交/直流电桥、通用示波器、低频信号发生器、分光仪、光谱仪、常用电源和光源等常用仪器。

(5) 掌握常用的实验操作技术。

例如:零位调整、水平/铅直调整、光路的共轴调整、消视差调整、逐次逼近调整、根据给定的电路图正确接线、简单的电路故障检查与排除,以及在近代科学研究与工程技术中广泛应用的仪器的正确调节。

(6) 适当了解物理实验史料和物理实验在现代科学技术中的应用知识。

对科学实验能力培养的基本要求如下:

(1) 独立实验的能力。

能够通过阅读实验教材、查询有关资料和思考问题,掌握实验原理及方法,做好实验前的准备;正确使用仪器及辅助设备、独立完成实验内容、撰写合格的实验报告;培养学生独立实验的能力,逐步形成自主实验的基本能力。

(2) 分析与研究的能力。

能够融合实验原理、设计思想、实验方法及相关的理论知识对实验结果进行分析、判断、归纳与综合。掌握通过实验进行物理现象和物理规律研究的基本方法,具有初步的分析与研究的能力。

(3) 理论联系实际的能力。

能够在实验中发现问题、分析问题并学习解决问题的科学方法,逐步提高学生综合运用所学知识和技能解决实际问题的能力。

(4) 创新能力。

能够完成符合规范要求的设计性、综合性内容的实验,进行初步的具有研究性或创意性内容的实验,激发学生的学习主动性,逐步培养学生的创新能力。

(二) 如何学好大学物理实验课

要学好物理实验课,同学们应注意做好以下三方面的工作:

1. 课前预习

课前预习是能否顺利进行实验的关键,因此实验前必须做好预习。预习时,要详细阅读有关实验内容,明确实验目的,弄懂实验原理,了解实验方法;对实验仪器的性能和使用方法有初步认识,避免盲目操作,损坏仪器;并根据实验要求,拟定实验方案和步骤,设计好记录数据的表格,写出实验预习报告。预习报告内容包括:实验名称、实验目的、实验仪器、实验原理(包括主要的测量公式)、主要的实验步骤(包括数据记录表格)等。

2. 实验操作

实验操作是培养同学们科学实验能力重要的手段和过程。通过对物理现象的观察和研究,加深对物理理论的理解,提高理论联系实际的能力,培养科学创新的能力。进入实验室后,首先要遵守实验室规则;操作前要检查和认识实验仪器,了解仪器的性能和使用方法;操作时,要掌握正确的实验方法,按照实验步骤进行规范操作;记录实验数据时,要认真、仔细、实事求是，不编造实验数据；并将测量数据认真地填写在预习时已准备好的数据记录表格上。实验完成后，将实验数据交由任课教师检查确认并签字，在得知数据合格有效后，方可整理仪器，离开实验室。

3. 实验报告

实验报告是对实验的全面总结。要认真细致地对实验数据进行整理和计算，在对实验结果加以分析总结的基础上，写出完整的实验报告。实验报告除了姓名、学号、班级和实验日期外，一般要求有如下几方面的内容。

实验名称：所做实验的名称。

实验目的：完成本实验应达到的基本要求。

实验仪器：所用仪器的名称和型号。

实验原理：用自己的语言简述实验原理、实验方法、实验条件、主要的测量公式；画出必要的原理图、电路图或光路图。

实验内容和步骤：简要写出主要的实验步骤。

数据记录及处理：将原始实验数据填入数据记录表格内，包括实验时的环境条件，如室温、气压等；处理数据时，要有必要的计算过程，不但要计算出被测量的最佳值，还应计算出表示实验误差的不确定度，并正确表示出测量结果，画出必要的实验曲线(必须用坐标纸作图)。

分析讨论：对实验现象和实验结果进行认真分析和讨论，完成课后讨论题。

结论：结论是对实验的总结。因此，对最终的实验结果应做最后的总结，并单独表述出来，不要将其湮没在处理数据的过程中。

（三）实验室规则

(1) 学生实验前必须认真预习实验内容，明确实验目的、原理、方法和步骤，进入实验室需带上实验预习报告，准备接受指导教师提问，经教师检查同意，方可进行实验。没有预习或提问不合格者，须重新预习，方可进行实验。

(2) 学生必须按规定的时间到实验室上实验课，进入实验室必须遵守课堂纪律，保持安静的实验环境，遵守实验室各项规章制度，严禁高声喧哗、吸烟、随地吐痰或吃零食，不得随意动用与本实验无关的仪器。

(3) 实验准备就绪后，须经指导教师检查同意，方可进行实验。实验中应严格遵守仪器设备操作规程，认真观察和分析现象，如实记录实验数据，独立分析实验结果，认真完成实验报告，不得抄袭他人实验结果。

(4) 实验中要爱护实验仪器设备，注意安全，节约水、电、药品、元件等消耗材料；实验时，如缺少仪器、用具、材料等，应立即报告老师；凡违反操作规程或粗心大意而造成事故、损坏仪器设备者，必须写出书面检查，并按有关规定赔偿损失。

(5) 做完实验后学生应将仪器整理还原，将桌面和凳子收拾整齐。经教师检查测量数据和仪器还原情况并签字后，方可离开实验室。

(6) 应按实验要求及时、认真地完成实验报告。实验报告连同教师签字的原始数据应在规定时间内一起交给任课教师。

二、测量误差与实验数据处理基础知识

(一) 测量与测量误差

1. 测量及其分类

用实验方法找出物理量量值的过程叫测量。按测量方式可将测量分为直接测量和间接测量。

1）直接测量

凡使用测量仪器能直接测出被测量数值的测量叫做直接测量,如用米尺测量长度,用温度计测量温度,用秒表测量时间以及用电表测量电流和电压等,相应的长度、温度、时间等称为直接测量量。直接测量按测量次数分为单次测量和多次测量。只测量一次的测量称为单次测量。测量次数超过一次的测量称为多次测量。

2）间接测量

对于某些物理量的测量,由于没有合适的测量仪器,不便或不能进行直接测量,只能先测出与待测量有一定函数关系的直接测量量,再将直接测量的结果代入函数式进行计算,得到待测物理量的量值,这个过程称为间接测量。相应的被测量称为间接测量量。

例如:测量钢球的密度时,可以先对钢球的直径 D 和质量 m 分别进行直接测量,然后将 D 和 m 代入下面的测量公式中计算出钢球的密度 ρ。

$$\rho=\frac{m}{\frac{\pi}{6}D^{3}} \tag{0-1}$$

整个过程称为间接测量,其中 ρ 为间接测量量,D 和 m 为直接测量量。

2. 测量误差

误差存在于一切测量过程中。测量误差就是测量结果与被测量的真值(或约定真值)之间的差值。测量误差的大小反映了测量结果的准确度,测量误差可用绝对误差表示,也可用相对误差表示。

$$\text{绝对误差}=\text{测量结果}-\text{被测量的真值} \tag{0-2}$$

$$\text{相对误差}=\frac{\text{测量的绝对误差}}{\text{被测量的真值}}\times 100\% \tag{0-3}$$

被测量的真值其实是一个理想的概念。对测量者来说,真值一般是不知道的。因此实际测量中常用被测量的实际值或已修正过的算术平均值来代替真值,称为约定真值。由于真值一般是未知的,所以一般情况下是不能计算误差的,只有在少数情况下可以用准确度足够高的实际值来作为被测量的约定真值,这时才能计算误差。

(二) 误差的分类及处理方法

测量误差主要分为系统误差和随机误差两类。由于系统误差与随机误差的性质和来源不同,因此处理它们的方法也不相同。

1. 系统误差

系统误差是指在每次测量中都具有一定大小、一定符号,或按一定规律变化的测量误差。系统误差的来源主要有以下几方面:

1）仪器误差

仪器误差，即由仪器、实验装置引起的误差。如零点不对，仪器未经校准、安装不正确、元件老化等。

2）方法（理论）误差

方法（理论）误差，即测量所依据公式自身的近似性，或实验条件达不到公式所规定的要求，或测量方法所引起误差。

3）环境误差

环境误差，即由于环境影响而产生的误差。如室温的逐渐升高，外界电磁场的干扰，外界的振动等。

4）测量者的固有习惯

测量者因不良习惯或生理、心理等因素造成的误差。例如：用米尺测长度时斜视读数；用秒表测时间时掐表速度较慢等。

对系统误差可针对其来源，采取相应的方法尽力消除它的影响，或对结果进行修正。消除系统误差的方法有以下几方面：

1）对测量结果引入修正值

由仪器、仪表不准确产生的误差，可以通过与更高级别的仪器、仪表做比较，而得到相应的修正值；由理论上、公式上的不准确而产生的误差，可以通过理论分析，导出修正公式。

2）采用适当的测量方法

采用适当的测量方法，可以有效地减小或消除实际测量中出现的系统误差。常用的方法有以下几种：

(1) 交换法：就是将测量中的某些条件（如被测物的位置）相互交换，使产生系统误差的原因对测量的结果起相反的作用，从而抵消了系统误差。如电桥测电阻实验中，把被测电阻与标准电阻交换位置进行测量的方法。

(2) 补偿法：如热学实验中采用加冰降温的方法使系统的初温低于室温以补偿升温时的散热损失。

(3) 替代法：即在一定条件下，用某一已知量替换被测量以达到消除系统误差的方法。

(4) 半周期偶数测量法：按正弦曲线变化的周期性系统误差（如测角仪的偏心差）可用半周期偶数测量法予以消除。这种误差在 0°、180°、360°处为零，而在任何差半个周期的两个对应点处误差的绝对值相等而符号相反，因此，若每次都在相差半个周期处测两个值，并以平均值作为测量结果就可以消除这种系统误差。在测角仪（如分光仪）中常使用这种方法。

2. 随机误差

相同条件下重复测量同一量，由于各种偶然因素的影响，使得测量值随机变化，这种因随机变化而引起的误差称为随机误差。如读数的上下涨落、环境温度的起伏、气流的扰动等因素影响，使得测量结果的量值无规则地弥散在一定的范围内。随机误差的存在，使每次测量值可能偏大或偏小，不能确定。

随机误差的来源主要是：实验装置和测量机构在各次测量调整操作上的变动性；测量仪器指示数值上的变动性；观测者本人在判断和估计读数上的变动性等。

随机误差的出现，就某一次测量值来说没有规律，其大小和方向不可预知，但对于多次测量，随机误差是按统计学上的正态分布规律分布的。其分布特征如下：

(1) 正方向误差和负方向误差出现的次数大体相同,在多次测量时正负随机误差大致可以抵消。

(2) 数值较小的误差出现的次数较多,很大的误差在没有错误的情况下通常不出现。

随机误差不可消除,但可依据其分布特征通过多次测量来减小随机误差。

由于随机误差只能减小,不可消除,因此,必须对测量的随机误差作出估计才能表示出测量的精密度。科学实验中通常用标准偏差表示随机误差。

假设对某一物理量在测量条件相同的情况下,进行 n 次无明显系统误差的独立测量,测得 n 个测量值为:

$$X_1, X_2, X_3, \cdots, X_n$$

测量值的算术平均值最接近被测量的真值,测量次数越多,接近程度越好,因此,用算术平均值表示测量结果的最佳值。

算术平均值的计算式是:

$$\overline{X} = \frac{1}{n}(X_1 + X_2 + X_3 + \cdots + X_n) = \frac{1}{n}\sum_{i=1}^{n} X_i \qquad (0-4)$$

每一次测量值 X_i 与 $\overline{X}$ 平均值之差叫做残差,即:

$$\Delta X_i = X_i - \overline{X} \quad (i = 1, 2, 3, \cdots, n) \qquad (0-5)$$

测量的随机误差用标准偏差 S 来估算。S 用下面的贝塞尔公式来计算:

$$S = \sqrt{\frac{\sum_{i=1}^{n}(\Delta X_i)^2}{n-1}} = \sqrt{\frac{\sum_{i=1}^{n}(X_i - \overline{X})^2}{n-1}} \qquad (0-6)$$

S 的值可以反映出测量值 X_i 的离散性。标准偏差小就表示测量值很密集,即测量的精密度高;标准偏差大就表示测量值很分散,即测量精密度低。

(三) 测量结果的不确定度

由于测量误差的不可避免,使得真值也无法确定;而真值不知道,也无法确定误差的大小。1981 年第 70 届国际计量委员会公布了国际计量局提出的《实验不确定度表示的建议书 INC - 1》。以测量结果的不确定度表示和评定测量结果的质量。1993 年,ISO 等七个国际组织联合颁布了《不确定度表示指南》,物理实验在表示实验结果时也采用不确定度表示评定结果。

不确定度是指由于测量误差的存在而对被测量值不能肯定的程度,或者说它表征被测量的真值在某个量值范围的一个客观的评定。

在完整的测量结果中,不仅要给出被测量的平均值 $\overline{X}$ 代替其真值,还应说明结果的可信赖程度,由于被测量的真值一般是不知道的,不可能用指出误差的方法说明结果的可信赖程度,只能用不确定度 U 来评定测量结果的质量,并将测量结果表示为:

$$X = (\overline{X} \pm U)\text{ 单位} \qquad (0-7)$$

不确定度反映的是最佳估计值附近的一个范围 $(\overline{X} - U, \overline{X} + U)$,真值以一定的概率落在其中。不确定度越小,标志着误差的可能值越小,测量的可信赖程度越高;不确定度越大,标志着误差的可能值越大,测量的可信赖程度越低。

1. 不确定度的分类

不确定度按其数值的评定方法可分为两类:A 类分量 U_A 和 B 类分量 U_B。

A 类不确定度 U_A：多次重复测量时用统计学方法计算的那些分量。比如估算随机误差的标准偏差 S 就属于 A 类分量。

B 类不确定度 U_B：用其他非统计学方法估出的那些分量。U_B 只能基于经验或其他信息作出评定。

总不确定度 U：当各量相互独立时，用"方和根法"将上述两类不确定度分量合成，即得总不确定度，简称不确定度 U：

$$U=\sqrt{U_A{}^2+U_B{}^2} \tag{0-8}$$

2. 不确定度的计算

A 类不确定度 U_A 由实验标准偏差 S 乘以因子 $\frac{t}{\sqrt{k}}$ 求得，即：

$$U_A=\left(\frac{t}{\sqrt{k}}\right)S \tag{0-9}$$

k 为测量次数，因子 $\frac{t}{\sqrt{k}}$ 可由表 0－1 查出。

表 0－1　不同测量次数因子 $\frac{t}{\sqrt{k}}$ 查询表

测量次数 k	2	3	4	5	6	7	8	9	10	15	20	$k\to\infty$
$(t/\sqrt{k})$	8.98	2.48	1.59	1.24	1.05	0.93	0.84	0.77	0.72	0.55	0.47	$1.96/\sqrt{k}$
$(t/\sqrt{k})$ 的近似值	9.0	2.5	1.6	1.2	$5<k\leqslant10$ 时，$(t/\sqrt{k})\approx1$					$k>10$ 时，$(t/\sqrt{k})\approx2/\sqrt{k}$		

多次测量时，当 $5<k\leqslant10$ 时，因子 $\frac{t}{\sqrt{k}}\approx1$，则有 $U_A\approx S$。

B 类不确定度 U_B 近似取仪器仪表的误差限 $\Delta_{仪}$。教学仪器误差限一般简单地取计量器具的允许误差限，有时也由实验室根据具体情况近似给出。

$$U_B=\Delta_{仪} \tag{0-10}$$

总不确定度为 U：

$$U=\sqrt{\left(\frac{t}{\sqrt{k}}\right)^2S^2+\Delta_{仪}^2} \tag{0-11}$$

如果因为 S 显著小于 $\frac{1}{2}\Delta_{仪}$，或估计出的 U_A 对实验最后结果的不确定度影响甚小，或因条件限制只进行了一次测量时，U 可简单地用仪器的误差限 $\Delta_{仪}$ 来表示。当实验中只要求测量一次时，根据实验条件，可由实验室给出 U 的近似值。

（四）测量结果的表示方法

1. 直接测量结果的表示方法

测量结果应给出被测量的量值 $\overline{X}$，并标出不确定度 U。即：

$$X=(\overline{X}\pm U)\ 单位$$

对于单次测量,不确定度可直接用$\Delta_{仪}$来表示,$\Delta_{仪}$由实验室给出。

例题0-1:

用螺旋测微器($\Delta_{仪}=0.004$ mm)测钢丝的直径,不同方位测10次,测量结果如下:

次数	1	2	3	4	5	6	7	8	9	10	平均
d/mm	0.457	0.467	0.472	0.465	0.458	0.462	0.459	0.469	0.460	0.465	0.463
Δd/mm	−0.006	0.004	0.009	0.002	−0.005	−0.001	−0.004	0.006	−0.003	0.002	

钢丝直径的测量结果应如何表示?

解:

(1) 先求其最佳值(平均值):

$$\overline{d}=\frac{\sum_{i=1}^{10}X_i}{10}=0.4634\ \text{mm}\approx 0.463\ \text{mm}$$

(2) 求不确定度U_d:

由于测量次数为10次,所以因子$\frac{t}{\sqrt{k}}\approx 1$,则$U_A\approx S$

$$S=\sqrt{\frac{\sum_{i=1}^{k}(\Delta X_i)^2}{k-1}}=\sqrt{\frac{\sum_{i=1}^{k}(X_i-\overline{X})^2}{k-1}}=0.005\ \text{mm}$$

$$U_B=\Delta_{仪}=0.004\ \text{mm}$$

则:

$$U_d=\sqrt{S^2+\Delta_{仪}^2}\approx 0.006\ \text{mm}$$

(3) 测量结果表示为:

$$d=\overline{d}\pm U_d=(0.463\pm 0.006)\ \text{mm}$$

2. 间接测量结果的表示方法

间接测量的结果是由直接测量的结果根据一定的数学公式计算出来的。所以,直接测量结果的不确定度肯定影响间接测量结果,这叫不确定度的传递。不确定度的传递可以由相应的数学公式计算出来。

设直接测量量分别为$x,y,z,\cdots$,它们都是相互独立的量,其最佳估计值分别为其平均值,相应的总不确定度分别为$U_x,U_y,U_z,\cdots$。间接测量Φ与各直接测量量之间的关系可以用函数表示为:

$$\Phi=F(x,y,z,\cdots) \tag{0-12}$$

间接测量量Φ的不确定度U_Φ为各直接测量量不确定度$U_x,U_y,U_z,\cdots$的"方和根",即:

$$U_\Phi=\sqrt{\left(\frac{\partial F}{\partial x}\right)^2U_x^2+\left(\frac{\partial F}{\partial y}\right)^2U_y^2+\left(\frac{\partial F}{\partial z}\right)^2U_z^2+\cdots} \tag{0-13}$$

$$\frac{U_\Phi}{\Phi}=\sqrt{\left(\frac{\partial \ln F}{\partial x}\right)^2U_x^2+\left(\frac{\partial \ln F}{\partial y}\right)^2U_y^2+\left(\frac{\partial \ln F}{\partial z}\right)^2U_z^2+\cdots} \tag{0-14}$$

以上两式是间接测量量总不确定度传递的公式。其中:

式(0－13)适合于和差形式的函数；

式(0－14)适合于积商形式的函数。

例题 0－2：

已知金属铜环的外径 $D_2 \pm U_{D2}=(5.150\pm 0.006)$ cm，内径 $D_1 \pm U_{D1}=(4.505\pm 0.005)$ cm，高度 $H\pm U_H=(3.400\pm 0.004)$ cm，求圆柱体的体积 V 和不确定度 U_V，并将测量结果表示出来。

解：

(1) 圆柱体的体积最佳值为：

$$
\begin{aligned}
\overline{V} &= \frac{\pi}{4}(D_2^2-D_1^2)H \\
&= \frac{\pi}{4}\times(5.150^2-4.505^2)\times 3.400\ \text{cm}^3 \\
&= 16.621\ \text{cm}^3
\end{aligned}
$$

(2) 计算体积的不确定度：

由于体积计算公式为积商形式，用不确定度传递公式(0－14)较方便：

① 先取对数：

$$\ln V = \ln\frac{\pi}{4} + \ln(D_2^2-D_1^2) + \ln H$$

$$\frac{\partial \ln V}{\partial D_2} = \frac{2D_2}{D_2^2-D_1^2}$$

$$\frac{\partial \ln V}{\partial D_1} = -\frac{2D_1}{D_2^2-D_1^2}$$

$$\frac{\partial \ln V}{\partial H} = \frac{1}{H}$$

② 代入不确定度传递公式(0－14)，则有：

$$
\begin{aligned}
\left(\frac{U_V}{V}\right)^2 &= \left(\frac{2D_2U_{D2}}{D^2-D_1^2}\right)^2 + \left(-\frac{2D_1U_{D1}}{D_2^2-D_1^2}\right)^2 + \left(\frac{U_H}{H}\right)^2 \\
&= \left(\frac{2\times 5.150\times 0.006}{5.150^2-4.505^2}\right)^2 + \left(-\frac{2\times 4.505\times 0.005}{5.150^2-4.505^2}\right)^2 + \left(\frac{0.004}{3.400}\right)^2 \\
&= (9.92\times 10^{-3})^2 + (7.23\times 10^{-3})^2 + (1.18\times 10^{-3})^2 \\
&= 1.521\times 10^{-4}
\end{aligned}
$$

$$\frac{U_V}{V} = 0.012$$

$$U_V = V\frac{U_V}{V} = 16.621\times 0.012\ \text{cm}^3 = 0.20\ \text{cm}^3$$

$$U_V = 0.20\ \text{cm}^3$$

(3) 测量结果表示为：

$$V\pm U_V=(16.62\pm 0.20)\ \text{cm}^3$$

(五)有效数字

1. 有效数字及有效位数

任何测量都存在误差,在记录数据、数据运算以及表示测量结果时,究竟要留几位数字,是数据处理的重要问题。因此,测量值应能反映出测量结果的准确度,不能任意取舍。

例如:用毫米分度的米尺测一物体的长度,正确的读数应是确切读出米尺上有刻度线的位数后,还应该估读一位,即在整毫米数后还应估读一位。如测出某物体长度13.2 mm,表明了“13”是确切数字,而“2”是可疑估读数字。又如米尺测一物体厚度刚好是10 mm整,应记为10.0 mm,不要写成10 mm。因为,前面的两位数字“10”是准确的,后面的一位“0”是估读可疑的数字。

测量结果中可靠的几位数字加上可疑的一位数字称为测量结果的有效数字。有效数字的最后一位可疑,但它还是在一定程度上反映了客观实际。

有效位数指的是有效数字的位数。从左边第一个非零数字算起,向右数得到的位数,就是有效位数。对于没有小数位且以若干个“0”结尾的数值,从最左侧第一位非零数字向右数得到的位数减去无效零(仅为定位用的零)的个数就是有效位数。

2. 有效位数的确定规则

1)原始数据有效位数的确定

(1)对于游标类量具,一般读到游标读数值的整数倍。

(2)对于数显类仪表,直接读出仪表的示值。

(3)指针式仪表,一般读到最小分度的1/4～1/10,或者读到基本误差限的1/3～1/5。

2)中间运算结果有效位数的确定

(1)加减运算时,以参与运算的末位数的数量级最高的数为准,和差都比该数末位多取一位。

(2)乘除运算时,以参与运算的有效位数最少的数为准,积商都比该数多取一位。

有效位数的确定原则:可靠数字与可靠数字的运算结果为可靠数字,可疑数字与可靠数字的运算结果为可疑数字,可疑数字与可疑数字的运算结果为可疑数字,但进位为可靠数字。

为了避免在运算过程中由于数字的取舍而引入误差,对中间运算结果可比上述规则规定的多保留一至两位,以免因过多截取带来附加误差。

另外,在运算过程中,常有“π、e”等常数参与运算。常数因为不是测量过程中产生的,从而不存在有效位数问题,在运算中需要几位取几位。常数的有效位数一般应比直接测量中有效位数最少的数多取一位或两位,参与式中运算。

3)测量结果的有效位数规定

(1)乘除运算时,有效位数跟参与运算各量中有效位数最少的相同;加减运算时,参与加减的各量的末位数量级最大的那一位为结果的末位。

(2)绝对不确定度一般取一位有效数字,相对不确定度可取一到二位有效数字。

(3)最后结果与不确定度的末位数字对齐。

3. 数据修约的进舍规则

数据修约就是去掉数据中多余的位。

进舍规则是:四舍五入尾留双。

当要舍去的数字为:

(1) <5 时,则舍去。

例如:将 1.234 保留三位有效位数,则结果为 1.23。

(2) >5 时,则进一。

例如:将 6.796 保留三位有效位数,则结果为 6.80。

(3) =5 时,{若 5 后为非零数字,则进一。
若 5 后为零或无数字则奇数进,偶数舍。}

例如:将 2.4352 保留三位有效位数,则结果为 2.44;将 2.4850 保留三位有效位数,结果为2.48;将 2.475 保留三位有效位数,结果为 2.48。

(六) 用作图法处理实验数据

作图法就是用图线直观描述物理量之间的函数变化规律。在实验中,当实验观测对象是两个互相关联的物理量之间的变化关系(如非线性电阻电压与电流的关系)时,通常是控制其中一个量使其依次取不同的值 $X_1, X_2, X_3, \cdots, X_n$,从而观测与其对应的另一个物理量的取值 $Y_1, Y_2, Y_3, \cdots, Y_n$ 的变化情况。对于这两列数据,通常用作图法来处理数据。可以将其绘制成图,更形象地显示出两个物理量之间的关系。

物理实验中使用作图法处理实验数据时一般有两类目的:

(1) 为了形象直观地反映物理量之间的关系。

(2) 通过实验曲线求其他物理量,如直线的斜率、截距。

作图步骤大体分为列表、描点、连线。图线的描绘与数学上函数图像的描绘方法、步骤基本一致。为了有效地反映物理量之间对应的函数关系,描绘图线应遵守下面一些必要的规定:

(1) 用坐标纸作图。根据作图参量选择坐标纸种类,如参量间是线性或变化后是线性函数,用直角坐标纸(图 0-1);如果是对数函数,则用对数坐标纸。

图 0-1 直角坐标纸

(2) 选择合适的坐标分度值。如果是为了定性地反映出物理量的变化规律,坐标分度值的选取可以有较大的随意性。如果要由实验曲线求其他物理量,如直线的斜率、截距等,对于这类曲线的图,坐标分度值的选取应以图能基本反映测量值或所求物理量的不确定度为原则。坐标轴比例的选择应便于读数;坐标范围应包括全部的测量值,并略有富余。最小坐标值应根据实验数据来选取,不必都从零开始,以使作出的图线大致能充满全图,布局合理。作图时,图线不能偏向一边或缩在一角。

(3) 标明坐标轴。以自变量为横坐标,以因变量为纵坐标。用粗实线在坐标纸上描出坐标轴,在轴上标明物理量名称、符号、单位,并按顺序标出轴上整分度的值,其书写的位数可以比量值的有效位数少一或两位。纵横坐标轴的标度可以不同,两轴交点可以不为零,取数据中最小值稍小一点的整数,以调整图线大小和位置。

(4) 标实验点。图中实验点用“+”或“⊙”等符号标明。若在同一个图中,描绘不同的关系图线,则不同的图线采用不同的符号表示实验点。

(5) 连成图线。由于每一个实验点的误差情况不一定相同,因此不应强求曲线通过每一个实验点而连成折线(仪表的校正曲线除外),应该按照实验点的总趋势连成光滑的曲线,做到图线两侧的实验点与图线的距离最为接近且分布大体均匀。对严重“偏离点”即所谓坏值可剔除。

(6) 写明图线特征。利用图上的空白位置注明实验的条件和从图线得出的某些参数,如截距、斜率、极大值、极小值、拐点和渐近线等。有时还需通过计算求某一特征量,图上还需标出备选计算点的坐标及计算结果。

(7) 写图名。在图纸下方或空白位置写出图线的名称以及某些必要的说明,要使图线尽可能全面地反映实验的情况,并将图纸与实验报告订在一起。

图 0-2 为电阻的伏安特性曲线。

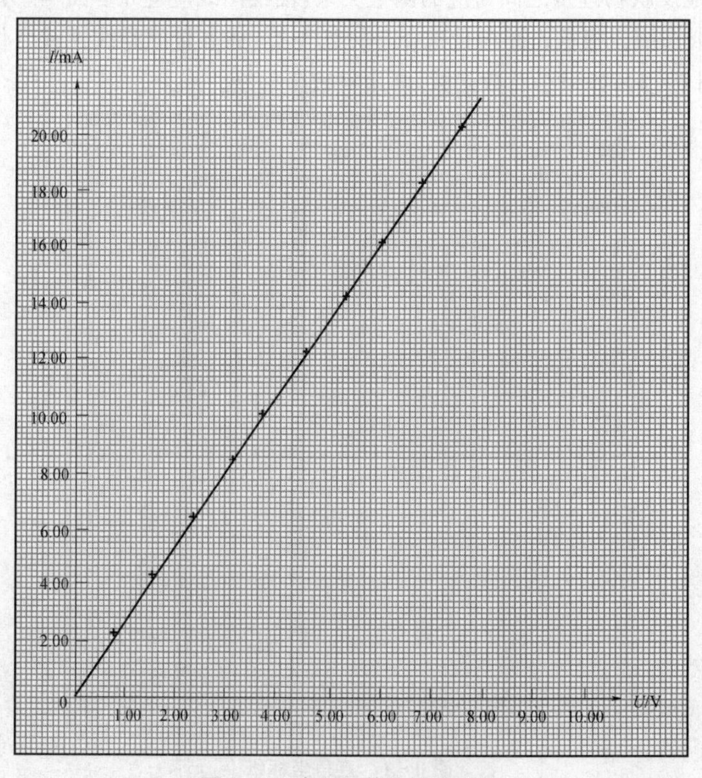

图 0-2　电阻的伏安特性曲线

习 题

1. 在长度测量中,用螺旋测微器测量一个圆柱体的直径 D(单位:cm),数据如下:

1.3270;1.3265;1.3272; 1.3267;1.3269;1.3265。

已知仪器误差为 0.004mm,将测量结果表示成 $D=(\overline{D}\pm U_D)$ mm 的形式。

2. 按有效位数确定规则,计算下列各式:

(1) $302.1+3.12-0.385$

(2) $1.584\times 2.02\times 0.86$

(3) $963.69\div 12.3$

(4) $\dfrac{97.02-88.58}{90.06}$

3. 推导下列公式的间接测量量的不确定度 U_ρ 或 U_ρ/ρ 的计算公式。

(1) $\rho=\dfrac{m}{\dfrac{\pi}{6}D^3}$　　(2) $\rho=\dfrac{m}{\dfrac{\pi}{4}(D^2-d^2)H}$

实验1

基本测量

长度是基本物理量,长度测量是一切测量的基础,是最基本的物理测量之一。米尺、游标卡尺、螺旋测微器(千分尺)是最基本的长度测量仪器。它们的测量范围和测量精度各不相同,学习使用这些基本测量仪器时,应注意掌握其构造特点、读数原理、使用方法以及维护知识等,以便在实际测量中,能根据具体情况进行合理的选择使用。

实验目的

1. 了解游标卡尺和螺旋测微器的原理。
2. 掌握游标卡尺和螺旋测微器的使用方法。
3. 掌握直接测量和间接测量的数据处理方法。

实验仪器

游标卡尺(0～150 mm,0.02 mm)、螺旋测微器(千分尺)(0～25 mm,0.01 mm)、待测物体。

实验原理

米尺、游标卡尺、千分尺是最基本的长度测量仪器,通常用量程和分度值来描述仪器的规格。根据这些仪器的原理扩展后制作的角游标、读数显微镜等仪器在其他物理量的测量中也被广泛使用。

1. 米　尺

它的最小分度是1 mm,当测量值不是很大时,可估读到最小分度的1/10,仪器误差一般取最小分度的1/2(0.5 mm)。

2. 游标卡尺的原理及使用方法

游标卡尺是一种利用游标原理制成的测量长度的常用量具。它可以用来测物体的长度、宽度、高度、深度及物体的内、外直径。游标卡尺可以将米尺需要估读的数准确读出,它的最小分度有0.1 mm(10分度游标)、0.05 mm(20分度游标)、0.02 mm(50分度游标)等几种规格。游标卡尺的示值误差不超过其最小分度,游标卡尺的仪器误差取其最小分度值。本实验以最小分度为0.02 mm的卡尺为例,介绍游标卡尺的基本结构、测量精度的确定、使用方法和注意事项。

游标卡尺的结构和读数原理如图1-1所示,其构造由两部分组成,一部分为刻有毫米刻度的直尺D,称为主尺,在主尺D上有量爪A、A′;另一部分为附加在主尺上能沿主尺滑动并有量爪

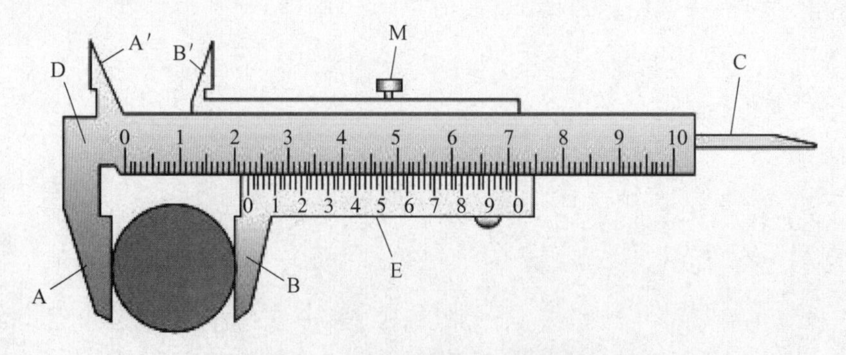

图1-1　游标卡尺的外形与构造

B、B′的不同分度尺，称为游标E。量爪A、B用来测量物体的厚度和外径；量爪A′、B′用来测量内径；C为尾尺，用来测物体深度；待测物理量的测量值由游标零线和主尺零线之间的距离来表示。M为固定螺钉，用来固定游标，每次测量后，需将游标固定后，再进行读数，这样才可保持原测量值。

游标尺与主尺有如下关系：游标尺上共有A格，且A格的总长度等于主尺上$A-1$格的总长度。设游标每小格长度为X、主尺上每小格长度为Y，则有：

$$AX=(A-1)Y$$

所以有：

$$Y-X=\frac{Y}{A}$$

主尺上每小格的长度Y与游标尺上每小格的长度X之间的差值如果用ΔK表示，则有：

$$\Delta K=Y-X=\frac{Y}{A}$$

ΔK表示主尺上的最小格长度与游标尺上每小格长度的差值，叫游标卡尺的精度。

许多测量仪器上都采用游标装置，有的游标刻在直尺上，有的刻在圆盘上（如旋光仪、分光仪等），它们的原理和读数方法都是一样的。一般来说游标尺的最小分度可用下式计算：

$$\text{游标尺的精度}(\Delta K)=\frac{\text{主尺上一个最小分格的长度}}{\text{游标尺上的总分格数}} \tag{1-1}$$

例如：游标卡尺的主尺上一个最小分格的长度为1 mm，游标尺上共刻有50个最小分格，则该游标卡尺的精度为：

$$\frac{1\ \text{mm}}{50}=0.02\ \text{mm}$$

精度0.02 mm表示游标尺上一个最小分格比主尺上一个最小分格长度小0.02 mm。

游标卡尺的读数包括整数部分（L）和小数部分（ΔL）。如图1-2所示，在测物体的总长度时，把物体夹在量爪之间，被测物体的总长度是游标尺零线与主尺零线之间的距离。

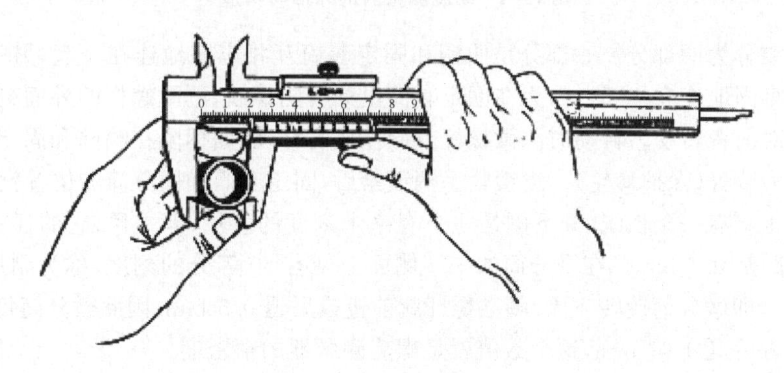

图1-2　游标卡尺的使用

具体读数方法可分两步进行：

(1) 主尺读数：读出主尺上最靠近游标尺"0"刻线的整数部分L。

(2) 游标读数：找出游标尺上"0"刻线右边第几条刻线和主尺的刻线对得最齐，将该条刻线的序号乘以游标尺的精度，即为小数部分ΔL。

如图1-3所示，游标卡尺的精度是0.02 mm，主尺上最靠近游标"0"线的刻线在33.00 mm和34.00 mm之间，主尺读数为$L=33.00$ mm；游标尺上"0"线右边第23条刻线和主尺的刻线对

得最齐,游标部分的读数 ΔL 为 $23\times0.02=0.46$ mm。被测物体长度为:

$$L+\Delta L=33.00+0.02\times23=33.46(\text{ mm})$$

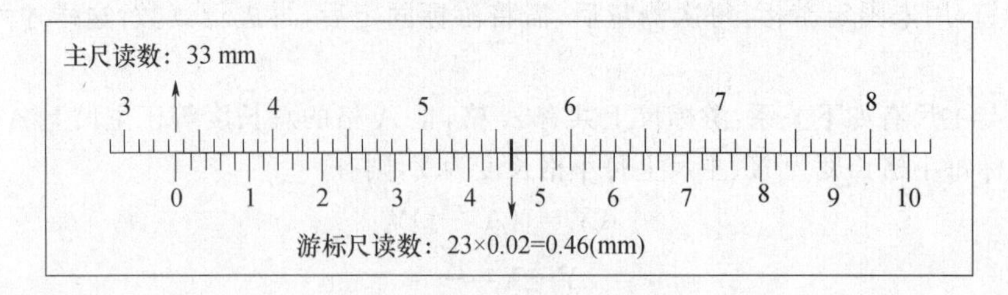

图 1-3　游标卡尺的读数

3. 螺旋测微器

螺旋测微器也叫千分尺,是一种比游标卡尺更精密的量具。较为常见的一种如图 1-4 所示,分度值是 0.01 mm,量程为 0~25 mm。

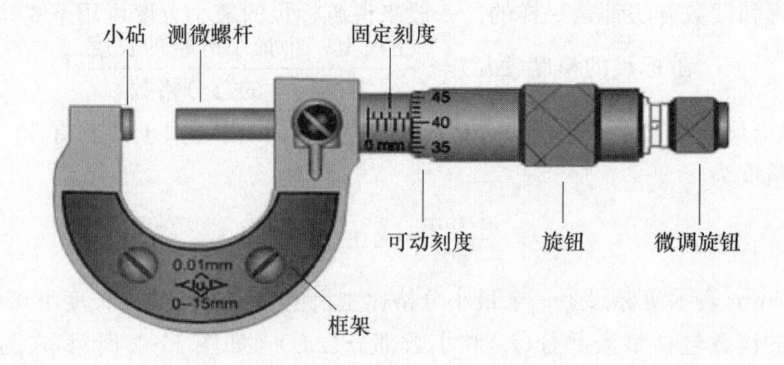

图 1-4　螺旋测微器的外形与构造

其构造主要分为两部分。一部分是曲柄和固定套筒互相牢固地连在一起,另一部分是微分筒和测微螺杆牢固地连在一起。因为在固定套筒里刻有阴螺纹,测微螺杆的外面刻有阳螺旋,所以后者可以相对前者转动。转动时测微螺杆就向左或右移动,曲柄附在测砧和固定套筒上,微分筒后端附有测力装置(保护棘轮)。当锁紧手柄锁紧后,固定套筒和微分筒的位置就固定不变。

固定套筒上刻有一条横线,其下侧是一个有毫米刻度的直尺,即主尺;它的任一刻线与其上侧相邻线的间距是 0.5 mm。在微分筒的一端侧面上刻有 50 等分的刻度,称为副尺。测微螺杆的螺距 0.5 mm,即微分筒旋转一周,测微螺杆就前进或后退 0.5 mm,因此微分筒每转一格,测微螺杆就前进或者后退 0.01 mm,这个数值就是螺旋测微器的精密度。

若测微螺杆的一端与测砧相接触,微分筒的边缘就和固定套筒上零刻度相重合,同时微分筒边缘上的零刻度线和固定套筒主尺上的横线相重合,这就是零位,如图 1-5(a)所示。当微分筒向后旋转一周时,测微螺杆就离开测砧 0.5 mm。固定套筒上便露出 0.5 mm 的刻度线,向后转两周,固定套筒上露出 1 mm 的刻线,表示测微螺杆和测砧相距 1 mm,以此类推。因此根据微分筒边缘所在的位置可以从主尺上读出 0.5 mm 以上的读数(0.5,1,1.5,…),不足 0.5 mm 的小数部分从副尺上读出。

如图 1-5(b)所示,在固定套筒的主尺上的读数超过 5 mm 不到 5.5 mm,主尺的横线所对微分筒边缘上的刻度数已经超过了 38 个刻度,而还没达到 39 个刻度,估读为 38.3,因此物体的长

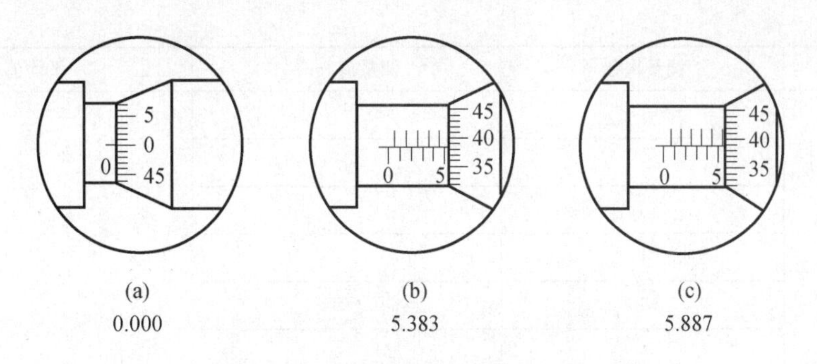

图1-5　螺旋测微器读数示意图

度为：

$$l=5\ \text{mm}+38.3\times0.01\ \text{mm}=5.383\ \text{mm}$$

结果中最后一位数字3是估读的。

在图1-5(c)所示中，在固定套筒的主尺上的读数已超过5.5 mm不到6 mm，微分筒边缘上的刻度读数为38格多，还没达到39个刻度，多出的部分约为一格的7/10，所以估读为38.7。它的读数应为：

$$l=5.5\ \text{mm}+38.7\times0.01\ \text{mm}=5.887\ \text{mm}$$

最后一位数字7是估读的。在这里请特别注意上面两个读数的区别。

实验内容与测量

1. 游标卡尺的使用

(1) 先使游标卡尺的两量爪密切结合，测零点读数。若游标上的零刻线与主尺上的零刻线重合，则零点读为“0”；若游标上的零刻线与主尺上的零刻线不重合，先读出初读数 L_1，然后对末读数 L_2 进行修正，测量值 $L=L_2-L_1$。

(2) 右手握主尺，用拇指推动游标尺上小轮，使游标尺向右移动到某一任意位置，固定螺丝M后读出长度值。在掌握操作方法和读数方法后开始测量。

(3) 用游标卡尺测圆筒的内径 $D_内$、外径 $D_外$ 和深度 H，不同的位置测6次，填入表1-1中。

表1-1　游标卡尺测量圆筒几何尺寸

精密度：________ mm

待测量	测量次数	测量值/mm	平均值/mm
$D_内$	1		
	2		
	3		
	4		
	5		
	6		

续表 1-1

待测量	测量次数	测量值/mm	平均值/mm
$D_{外}$	1		
	2		
	3		
	4		
	5		
	6		
H	1		
	2		
	3		
	4		
	5		
	6		

2. 螺旋测微器(千分尺)的使用

(1) 熟悉螺旋测微器的使用方法和读数方法后,开始测量。

(2) 记下零点读数,测量小钢球直径 D 和金属丝的直径 d,不同位置分别测 6 次。将测量结果填入表 1-2 中。

表 1-2 螺旋测微器测量直径

精密度:______ mm　　　　零点读数:d_0=______ mm

待测量	测量次数	末读数/mm	测量值 d/mm (末读数$-d_0$)	平均值 /mm
D	1			
	2			
	3			
	4			
	5			
	6			
d	1			
	2			
	3			
	4			
	5			
	6			

数据处理

1. 分别求出圆筒的内、外径和深度的不确定度 $U_{D内}$、$U_{D外}$ 和 U_H。

2. 分别求出钢球直径、金属丝直径的不确定度 U_D、U_d。

3. 正确表示各直接测量量的测量结果。

已知：游标卡尺的仪器误差 $\Delta_1=0.02$ mm，千分尺的仪器误差 $\Delta_2=0.004$ mm

$$D_{内}=\overline{D_{内}}\pm U_{D内}=$$

$$D_{外}=\overline{D_{外}}\pm U_{D外}=$$

$$H=\overline{H}\pm U_H=$$

$$D=\overline{D}\pm U_D=$$

$$d=\overline{d}\pm U_d=$$

4. 求出钢球的体积并表示其测量结果。

(1) 钢球体积的最佳值：$V=\frac{1}{6}\pi\overline{D^3}$。

(2) 根据不确定度传递公式，求出钢球体积的不确定度。

(3) 正确表示出钢球体积的测量结果：

$$V=\overline{V}\pm U_V=$$

注意事项

1. 用游标卡尺读数时要将固定螺钉 M 固定，移动游标尺时，应松开固定螺丝 M。

2. 使用螺旋测微器测量时，当测微螺杆的一端靠近被测物或测砧时，不要继续旋转微分筒，要改旋保护棘轮，当听到"咔，咔"的声音，表明物体已被夹紧，就不再旋转保护棘轮了。这样可以保证测微螺杆以适当压力加在被测物或测砧上，不太松又不太紧。

3. 测量时，不足微分筒一格的测量值可估读。

4. 测量前记录零点读数。如果微分筒边缘上零线与固定套筒主尺上的横线相重合，恰为零位，零点读数为零。如果微分筒边缘上零线在主尺横线下方，则零点读数为正值。例如：主尺上横线与微分筒边缘的第 5 根线重合，零点数是 +0.050 mm；如果活动套筒边缘零线在主尺横线的上方，则零点读数为负值。例如：主尺上的横线与活动套筒边缘的第 45 根横线(即 0 线下方第 5 根线)重合，零点读数为 −0.050 mm。实际物体长度应等于螺旋测微器的读数与零点读数之差。

5. 螺旋测微器使用完毕，测微螺杆和测砧间要留有一定缝隙，防止热膨胀时两者过分压紧而损坏螺纹。

讨论题

1. 游标卡尺精密度如何计算？用游标卡尺进行测量时，如何读数？

2. 螺旋测微器的精密度如何确定？用它进行测量时如何读数？

3. 使用游标卡尺、螺旋测微器应注意哪些事项？

结 论

通过本实验，总结在进行实际测量时，应如何正确选择合适的测量工具？

实验2

静态拉伸法测材料的弹性模量

力作用于物体所引起的效果之一是使受力物体发生形变,物体的形变可分为弹性形变和塑性形变。固体材料的弹性形变又可分为纵向、切变、扭转、弯曲,对于纵向弹性形变可以用弹性模量来描述材料抵抗形变的能力。弹性模量是表征固体材料性质的一个重要的物理量,是工程设计上选用材料时常涉及到的重要参数之一,一般只与材料的性质和温度有关,与其几何形状无关。

实验测定材料弹性模量的方法很多,如拉伸法、弯曲法和振动法(前两种方法可称为静态法,后一种可称为动态法)。本实验是采用静态拉伸法测定金属丝的弹性模量。实验通过光杠杆法,来测量钢丝受力后的微小伸长量,从而计算出钢丝的弹性模量。

实验目的

1. 学习用拉伸法测材料的弹性模量。
2. 了解用光杠杆测量微小长度变化的原理,掌握其使用方法。
3. 掌握各种长度测量工具的选择和使用方法。
4. 学习用逐差法处理实验数据。

实验仪器

YMC 弹性模量测定仪(包括测量架、JCW-1型尺读望远镜、光杠杆)、钢卷尺(3 m,1 mm)、螺旋测微器(25 mm,0.01 mm)、游标卡尺(15 cm,0.02 mm)、1 kg 砝码8个。

实验原理

如图2-1所示,弹性模量测定仪包括测量架、JCW-1型尺读望远镜、光杠杆。测量架三角底座上装有两根立柱和调整螺丝,可调节调整螺丝使立柱铅直。金属丝的上端被夹在横梁上的夹头中,立柱的中部有一个可以沿立柱上下移动的平台,用来放置测量金属丝微小长度变化的光

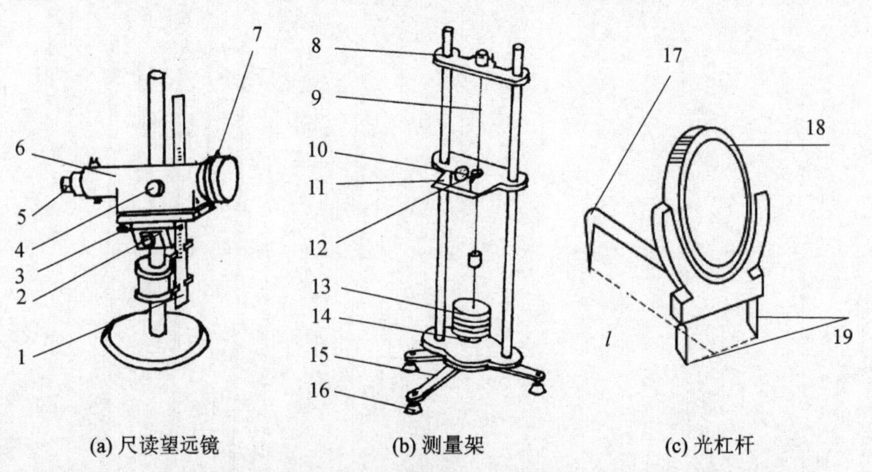

1—标尺;2—锁紧手轮;3—俯仰手轮;4—调焦手轮;5—目镜;6—内调焦望远镜;7—准星;8—钢丝上夹头;9—钢丝;10—光杠杆;11—工作平台;12—下夹头;13—砝码;14—砝码盘;15—三角座;16—调整螺丝;17—光杠杆后脚;18—反射镜;19—光杠杆前脚

图2-1 YMC 弹性模量测定仪

杠杆；平台上有一个圆孔，孔中有一个可以上下滑动的夹头，金属丝的下端夹紧在夹头中；夹头下面有一个挂钩，挂有砝码托，用来放置拉伸金属丝的砝码。

1. 测量基本原理

设钢丝的原长 L，横截面积为 S，沿长度方向施力 F 后，其长度改变 ΔL，则金属丝单位面积上受到的垂直作用力 F/S 称为应力，金属丝的相对伸长量 $\Delta L/L$ 称为应变。根据胡克定律，在弹性限度内，金属丝的应力与应变成正比。

即：

$$\frac{F}{S}=E\cdot\frac{\Delta L}{L} \tag{2-1}$$

则有：

$$E=\frac{\frac{F}{S}}{\frac{\Delta L}{L}}=\frac{FL}{S\Delta L} \tag{2-2}$$

比例系数 E 称为材料的弹性模量。在国际单位制中其单位为牛顿/米^2，记为 N/m^2。它表征材料本身的性质，E 越大的材料，要使它发生一定的相对形变所需要的单位横截面积上的作用力也越大。

用拉伸法测钢丝的弹性模量时，式中的 F 可以从钢丝下端挂的砝码的重量得出，L 可以用钢卷尺量出，钢丝的截面积 S 可用螺旋测微器测出钢丝的直径 d 后，根据公式 $S=\frac{\pi}{4}d^2$ 算出。由于钢丝的伸长量 ΔL 数值很小，用一般量具不易测准，本实验采用光杠杆法（光放大法）来测量。

2. 光杠杆法测钢丝伸长量 ΔL 的原理

光杠杆是用光学转换放大的方法来测量微小长度变化的一种装置。它包括杠杆架和反射镜。杠杆架下面有三个支脚，测量时两个前脚放在弹性模量测定仪的工作平台上，一个后脚放在与钢丝下夹头相连的活动平台上，随着钢丝的伸长（或缩短），活动平台向下（或向上）移动，带动杠杆架以两个前脚的连线为轴转动。尺读望远镜和光杠杆组成如图 2-2 所示的测量系统。尺读望远镜由一个望远镜和一把竖立在镜旁边的毫米刻度尺组成。

将光杠杆和望远镜按图 2-2 所示放置好，按仪器调节顺序调好全部装置后，就会在望远镜中看到经由光杠杆平面镜反射的标尺像。开始时，光杠杆的平面镜竖直，即镜面法线在水平位置，在望远镜中恰能看到标尺刻度 X_0 的像。当在待测钢丝下端挂上砝码，钢丝因受力作用而伸长 ΔL 时，光杠杆的后脚下降 ΔL，光杠杆平面镜转过一较小角度 θ，法线也转过同一角度 θ，反射线转过 2θ。根据反射定律，从 X_0 处发出的光经过平面镜反射到 X_1。因光路可逆性，从 X_1 发出的光经平面镜反射后将进入望远镜中被观察到。此时在望远镜中恰能看到标尺刻度 X_1。

由图 2-2 可知：

$$\tan\theta=\frac{\Delta L}{l} \tag{2-3}$$

$$\tan 2\theta=\frac{X_1-X_0}{D}=\frac{\Delta X}{D} \tag{2-4}$$

式中：l 为光杠杆常数（光杠杆后脚至两前脚连线的垂直距离）；D 为光杠杆镜面至标尺的距离。

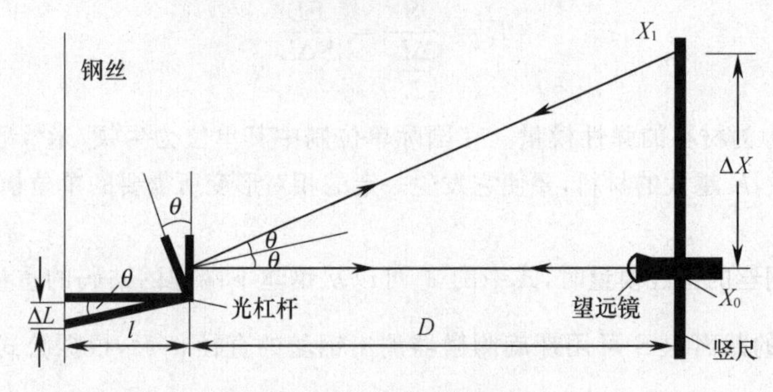

图 2-2 光杠杆测量原理

由于 $\Delta L \ll l$,$\Delta X \ll D$,偏转角度 θ 很小,所以近似地有:

$$\tan\theta \approx \theta = \frac{\Delta L}{l}, \quad \tan 2\theta \approx 2\theta = \frac{X_1 - X_0}{D} = \frac{\Delta X}{D}$$

即:

$$\Delta L = l \cdot \theta \qquad \Delta X = D \cdot 2\theta$$

所以:

$$\Delta L = \frac{l}{2D}\Delta X \tag{2-5}$$

其中$\frac{2D}{l}$为光杠杆的放大倍数,为保证有较大的放大倍数,实验时应有较大的 D(一般为 2 m)和较小的 l(一般为 0.08 m 左右)。将砝码拉力 $F=mg$ 、钢丝横截面积 $S=\frac{\pi}{4}d^2$ 及式(2-5)代入式(2-2)得到测量弹性模量的计算公式:

$$E = \frac{8LD}{\pi d^2 l} \cdot \frac{mg}{\Delta X} \tag{2-6}$$

将待测钢丝原长 L 和直径 d、光杠杆镜面至标尺的距离 D、光杠杆常数 l、砝码拉力 mg 以及对应的 ΔX 测出,便可计算出钢丝的弹性模量 E。

实验内容与测量

1. 弹性模量测定仪的调整

(1) 调节弹性模量测定仪三角底座上的调整螺钉,使支架、细金属丝铅直,平台水平。

(2) 将光杠杆放在平台上,两前脚放在平台前面的横槽中,后脚放在金属丝下端的夹头上适当的位置,不能与金属丝接触,不要靠着圆孔边,也不要放在夹缝中。

2. 光杠杆及尺读望远镜的调整

(1) 将望远镜放在离光杠杆镜面约为1.5 m～2 m处,并使二者在同一高度。调整光杠杆镜面与平台面垂直、望远镜水平、标尺竖直,望远镜应水平对准平面镜中部。

(2) 调整望远镜。

① 微调平面镜的仰角和望远镜的位置,使得用眼睛通过望远镜筒上的准星往平面镜中观察,能看到标尺的像。

② 调整目镜至能看清镜筒中十字叉丝的像。

③ 慢慢调整望远镜右侧物镜调焦旋钮,直到能在望远镜中看见清晰的标尺像,并使望远镜中的标尺刻度线的像与十字叉丝的水平线重合。

④ 消除视差。眼睛在目镜处微微上下移动,如果叉丝的像与标尺刻度线的像出现相对位移,应重新微调目镜和物镜,直至消除视差为止。

⑤ 微调镜面角度,使叉丝水平线正对的初读数在标尺红色数字"5"和黑色数字"5"之间。读数时,红色数字为正,黑色数字为负。

3. 测量

为了消除钢丝起始形变引起的系统误差,本实验采用"先减重后加重"的办法进行测量,实验数据填入下列数据表格中。

(1) 将8 kg砝码全部加在砝码托上,记录此时望远镜中的读数X_8,然后依次减砝码(每次减1 kg),并记下相应的读数X_7、X_6,X_5、X_4、X_3、X_2、X_1,填入表2-1中。为消除钢丝起始形变引起的误差,当减到砝码托上只剩1 kg砝码时,不再减少砝码在砝码钩上预留1 kg砝码。

表2-1　钢丝伸长与外力的关系

序号	砝码质量	望远镜中读数 X_i/cm			$\Delta X_i=\lvert X_{i+4}-X_i\rvert$
		减重	加重	平均值	
1	1kg				$\Delta X_1=\lvert X_5-X_1\rvert$
2	2kg				
3	3kg				$\Delta X_2=\lvert X_6-X_2\rvert$
4	4kg				
5	5kg				$\Delta X_3=\lvert X_7-X_3\rvert$
6	6kg				
7	7kg				$\Delta X_4=\lvert X_8-X_4\rvert$
8	8kg				
$\overline{\Delta X}$	$\overline{\Delta X}=(\Delta X_1+\Delta X_2+\Delta X_3+\Delta X_4)/16$				

(2) 然后,依次增加砝码(每次1 kg),记下相应的读数X_1'、X_2'、X_3'、X_4'、X_5'、X_6'、X_7'、X_8'。实

验数据填入表2-1中。

(3) 用千分尺测金属丝的直径 d,在不同位置测量6次,数据填入表2-2中。

表2-2 钢丝直径数据测量表

千分尺初读数 d_0=________ mm

测量次数	1	2	3	4	5	6
末读数 d'/mm						
直径 $d=d'-d_0$/mm						

(4) 用钢卷尺测钢丝原长 L 和光杠杆到标尺的距离 D,填入表格2-3中。

(5) 测量光杠杆常数 l。取下光杠杆,在展开的白纸上同时按下3个尖脚的位置,用直尺作出光杠杆后脚尖到两前脚尖连线的垂线,再用游标卡尺测出 l 的长度,填入表格2-3中。

表2-3 L、D、l 数据测量表

单位:cm

被测物理量	L	D	l
测量值			

注意事项

1. 实验系统调好后,一旦开始测量 X_i,在实验过程中绝对不能对系统的任一部分进行任何调整。否则,所有数据需重新测量。

2. 加减砝码时,应将砝码缺口交叉放置。同时,动作要平稳,避免砝码托摆动,导致光杠杆后脚发生移动。每次增减砝码后,待系统稳定后才能读取刻度尺刻度 X_i。

3. 光杠杆后脚不能接触钢丝,不要靠着圆孔边,也不要放在夹缝中。

4. 注意保护平面镜和望远镜,不能用手触摸镜面。

5. 实验完成后,应将砝码取下,防止钢丝疲劳。

数据处理

1. 求出钢丝直径 d 的平均值、不确定度。A 类不确定度由标准偏差公式计算,千分尺的仪器误差由实验室给出($\Delta_{仪}=0.004$ mm)。

2. 其他直接测量量都是单次测量,不确定度(仪器误差)由实验室给出。

$$U_L=0.5\text{ mm}\quad U_D=0.5\text{ mm}\quad U_l=0.02\text{ mm}$$

将各直接测量量的结果表示出来:

$$d=\bar{d}\pm U_d=$$

$$L=L_{测}\pm U_L=$$

$$D=D_{测}\pm U_D=$$

$$l=l_{测}\pm U_l=$$

3. 由逐差法求出读数改变量均值:

$$\overline{\Delta X}=(\Delta X_1+\Delta X_2+\Delta X_3+\Delta X_4)/16$$

4. 将各量代入公式计算弹性模量 $\bar{E}$(注意统一单位),并与公认值 E_0 进行比较,求出相对误差。

$$\overline{E}=\frac{8DL}{\pi d^2 l}\cdot\frac{mg}{\overline{\Delta X}}\quad (E_0=1.98\times10^{11}\,\mathrm{N}\cdot\mathrm{m}^{-2})$$

讨论题

1. 材料相同、粗细长度不同的两根金属丝，它们的弹性模量是否相同？
2. 光杠杆法有何优点？怎样提高测量微小长度变化的灵敏度？
3. 在有、无初始负载时，测量金属丝原长 L 有何区别？
4. 实验中，不同的长度参量为什么要选用不同的量具（或方法）来测量？
5. 为什么要使金属丝处于伸直状态？如何保证？
6. 简述光杠杆的放大原理。

结　论

通过对实验现象和实验结果的分析，你能得到什么结论？

实验3
用扭摆法测量物体的转动惯量

大学物理实验(第2版)

转动惯量是描述刚体转动惯性大小的物理量,它不仅与物体的质量、转轴位置有关,还与质量分布(即形状、大小和密度分布)有关。转动惯量有着重要的物理意义,在科学实验、工程技术、航天、电力、机械、仪表等工业领域也是一个重要参量。对于质量分布均匀、具有规则几何形状的刚体,可以通过数学方法计算其绕特定转轴的转动惯量。对于质量分布不均匀、几何形状不规则的刚体,计算将极为复杂,通常采用实验的方法来测定其转动惯量。

实验目的

1. 熟悉扭摆和转动惯量实验仪的构造和使用方法。
2. 测定不同形状物体的转动惯量。
3. 验证转动惯量平行轴定理。

实验仪器

DH0301 型智能转动惯量实验组合仪,附件为塑料圆柱体、金属圆筒、木实心球、金属细杆、两个可以在金属细杆上自由移动的空心圆柱滑块。

DHTC-1A 通用计数器。

电子天平、游标卡尺、卷尺等。

实验原理

转动惯量的测量,一般都是使刚体以一定形式运动,通过描述这种运动的特定物理量与转动惯量的关系来间接地测定刚体的转动惯量。本实验使物体做扭转摆动,由摆动周期及其他参数的测定计算出物体的转动惯量。

扭摆的构造如图 3-1 所示,在垂直轴 2 上装有一根薄片状的螺旋弹簧 1,用以产生回复力矩。在轴的上方可以装上各种待测物体。垂直轴与支座间装有轴承,可以降低摩擦力矩。3 为水平仪,当系统平衡时气泡居中。4 为高度调节螺钉,用来调整系统平衡。

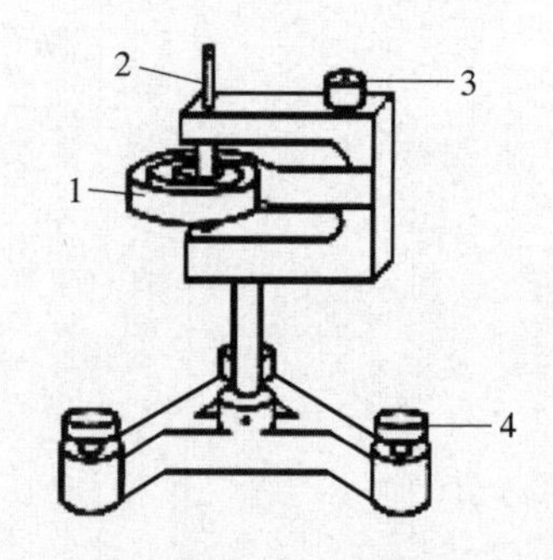

1—螺旋弹簧;2—垂直轴;
3—水平仪;4—高度调节螺钉

图 3-1 扭摆构造图

如果把物体在水平面内转过 θ 角,在弹簧的回复力矩作用下,物体就开始绕垂直轴做扭转摆动。根据胡克定律,弹簧受扭转而产生的回复力矩 M 与所转过的角度 θ 成正比,即

$$M = -K\theta \tag{3-1}$$

式中:K 为弹簧的扭转常数。由刚体绕定轴转动的转动定律,有:

$$M = J\beta \tag{3-2}$$

式中:J 为刚体的转动惯量;β 为角加速度。

令 $\omega^2 = \dfrac{K}{J}$,并忽略轴承的摩擦力矩,由式(3-1)、式(3-2)可得:

$$\beta = \frac{d^2\theta}{dt^2} = -\frac{K}{J}\theta = -\omega^2\theta \tag{3-3}$$

由上式可知，扭摆运动具有简谐振动的特征，角加速度与角位移成正比，且方向相反。此方程通解的形式为：

$$\theta = A\cos(\omega t + \varphi) \tag{3-4}$$

式中：A 为简谐振动的振幅；ω 为角速度；φ 为初相位。此简谐振动的周期为：

$$T = \frac{2\pi}{\omega} = 2\pi\sqrt{\frac{J}{K}} \Rightarrow J = \frac{T^2 K}{4\pi^2} \tag{3-5}$$

由上式可知，只要实验测得物体扭摆的摆动周期 T 和 K，即可计算出转动惯量 J。此转动惯量为总转动惯量，实际的转动惯量应根据物体的安装方式进行修正。如安装在托盘上的物体的转动惯量应为总转动惯量减去托盘空载时的转动惯量。

$$J_{测} = J_{总} - J_0 \tag{3-6}$$

本实验中首先使用一个几何形状规则的物体(其转动惯量可以根据物体的质量和几何尺寸用理论公式直接算出来)测量并计算出弹簧的扭转常数 K。若要测定其他物体的转动惯量，只需要将待测物体放在扭摆顶部的各种夹具上，测定其摆动周期，代入式(3-5)、式(3-6)就可以算出该物体绕定轴转动的转动惯量。

弹簧的扭转常数 K 可以用下述方法测量：设金属载物盘绕垂直轴的转动惯量为 J_0，测出其摆动周期为 T_0。然后找一个几何形状规则的物体(如塑料圆柱体)，设该物体对其质心轴的转动惯量理论值为 J_1'，将该物体放在金属载物盘上，并使其质心轴与垂直轴重合，测出此时(物体和载物盘整体绕轴摆动，总转动惯量为物体和载物盘转动惯量的和)的摆动周期为 T_1，由式(3-5)可得：

$$T_0^2 = \frac{4\pi^2}{K} J_0 \qquad T_1^2 = \frac{4\pi^2}{K}(J_0 + J'_1)$$

联立以上两式可得：

$$K = 4\pi^2 \frac{J'_1}{T_1^2 - T_0^2} \tag{3-7}$$

$$J_0 = \frac{J'_1 T_0^2}{T_1^2 - T_0^2} \tag{3-8}$$

刚体转动平行轴定理：若质量为 m 的物体绕通过质心轴的转动惯量为 J_C，则绕与质心轴平行且距离为 d 的转轴的转动惯量为：

$$J = J_C + md^2 \tag{3-9}$$

实验内容与测量

1. 用游标卡尺分别测出塑料圆柱体的直径、金属圆筒的内径和外径、木球的直径，用卷尺测出金属细杆的长度，各测量3次。用电子天平测出各物体的质量。将实验数据填入记录表3—1。

2. 调整扭摆底座的高度调节螺钉，使水平仪气泡居中。

3. 装上金属载物盘，并调整光电探头位置，使载物盘上挡光杆处于其缺口中央，且能遮住发射、接收红外线的小孔。测定金属载物盘摆动10个周期所用的时间3次，然后算出摆动周期平均值 $\overline{T}_0$。

4. 将塑料圆柱体垂直放在载物盘上，测定塑料圆柱体摆动10个周期所用的时间3次，然后求出摆动周期平均值 $\overline{T}_1$，由圆柱体转动惯量理论公式 $J'_1 = \frac{1}{8} m\overline{D}_1^2$ 算出圆柱体的转动惯量理论值。将 $\overline{T}_0$、$\overline{T}_1$ 和 J'_1 代入 $K = 4\pi^2 \frac{J'_1}{\overline{T}_1^2 - \overline{T}_0^2}$ 和 $J_0 = \frac{J'_1 T_0^2}{\overline{T}_1^2 - \overline{T}_0^2}$ 分别算出弹

簧的扭转常数 K 和金属载物盘的转动惯量实验测量值 J_0。

表 3-1 转动惯量测量数据表

物体名称	质量/kg	几何尺寸/10^{-2} m		周期/s		转动惯量理论值 $J_i'/(10^{-4}\text{kg}\cdot\text{m}^2)$	转动惯量实验值 $J_i/(10^{-4}\text{kg}\cdot\text{m}^2)$	相对误差
金属载物盘				$10T_0$				
				$\overline{T}_0$				
塑料圆柱		D_1		$10T_1$				
		$\overline{D}_1$		$\overline{T}_1$				
金属圆筒		$D_{外}$		$10T_2$				
		$\overline{D}_{外}$						
		$D_{内}$						
		$\overline{D}_{内}$		$\overline{T}_2$				
木球		D_3		$10T_3$				
		$\overline{D}_3$		$\overline{T}_3$				
金属细杆		L		$10T_4$				
		$\overline{L}$		$\overline{T}_4$				

注:细杆夹具和球支座的转动惯量很小,可以忽略。

圆柱体的转动惯量理论计算公式为:$J_1'=\frac{1}{8}m\overline{D}_1^2$

圆筒的转动惯量理论计算公式为:$J_2'=\frac{1}{8}m(\overline{D}_{外}^2+\overline{D}_{内}^2)$

实心球的转动惯量理论计算公式为:$J_3'=\frac{1}{10}m\overline{D}_3^2$

金属细杆的转动惯量理论计算公式为:$J_4'=\frac{1}{12}m\overline{L}^2$

5. 用金属圆筒代替塑料圆柱体，采用上面相同的办法测出摆动周期 $\overline{T}_2$，算出金属圆筒的转动惯量实验测量值。

6. 取下金属载物盘，装上球支座和木球，采用上面相同的办法测出摆动周期 $\overline{T}_3$，算出木球的转动惯量实验测量值。

7. 取下木球和球支座，装上细杆夹具和金属细杆（金属细杆中心必须与转轴中心重合），用与上面相同的办法测出摆动周期 $\overline{T}_4$，算出金属细杆的转动惯量实验测量值。

8. 将两个滑块穿过金属细杆，对称放置在两边的凹槽内，使两个滑块的质心离转轴的距离分别为 5.00 cm，10.00 cm，15.00 cm，20.00 cm，25.00 cm，测定细杆摆动 5 个周期所用的时间 3 次，然后求出摆动周期平均值 $\overline{T}$，验证平行轴定理。实验数据记录表格见表 3-2。

表 3-2　验证转动惯量平行轴定理数据表

滑块参数：$m_{滑}=$ 　　g，$D_{滑外}=$ 　　cm，$D_{滑内}=$ 　　cm，$H_{滑}=$ 　　cm

$x/10^{-2}$ m	5.00	10.00	15.00	20.00	25.00
$5T$/s					
$\overline{T}$/s					
实验值 $J/(10^{-4}\,\text{kg}\cdot\text{m}^2)$ $J=\frac{K}{4\pi^2}\overline{T}^2$					
理论值 $J'/(10^{-4}\,\text{kg}\cdot\text{m}^2)$ $J'=J'_4+2m_{滑}x^2+2J'_5$					
相对差					
注：1. 滑块参数测一个滑块即可。 2. J'_5 为小滑块绕通过质心的转轴的转动惯量的理论值。 $J'_5=\frac{1}{16}m_{滑}(D^2_{滑外}+D^2_{滑内})+\frac{1}{12}m_{滑}H^2_{滑}$					

注意事项

1. 机座应保持水平状态，调水准仪（气泡在正中间）。

2. 由于弹簧的扭转常数 K 值不是固定常数，它与摆角略有关系，摆角在 40°～90°时基本相同，在小角度时变小。为了降低实验时由于摆角变换过大带来的误差，实验时每次摆角都取 90°（相对平衡位置）。

3. 测量球、细杆质量时必须将支架夹具取下，不可一同称量。

4. 光电探头宜放置在挡光杆的平衡位置处，且不能和挡光杆相接触，以免增大摩擦力矩。

5. 轻拿轻放，小心球体的挡光杆。

6. 圆柱、圆筒放置时要放正，不可斜放，托盘固定牢靠。

数据处理

1. 计算弹簧的扭转常数 K。

2. 计算塑料圆柱、金属圆筒、木球与金属细杆的转动惯量。并与理论值比较，求相对误差(相对误差$=\dfrac{|\text{测量值}-\text{理论值}|}{\text{理论值}}\times 100\%$)，计算结果保留四位有效数字。

3. 根据表 3-2 记录的数据，验证转动惯量平行轴定理。

讨论题

1. 实验中有哪些因素影响测量的准确性？

2. 物体质心轴和扭摆垂直轴如果不重合，对测量结果有什么影响？

结　论

通过对实验现象和实验结果的分析，你能得到什么结论？

仪器介绍

1. DHTC-1 通用计数器面板介绍(见图 3-2)

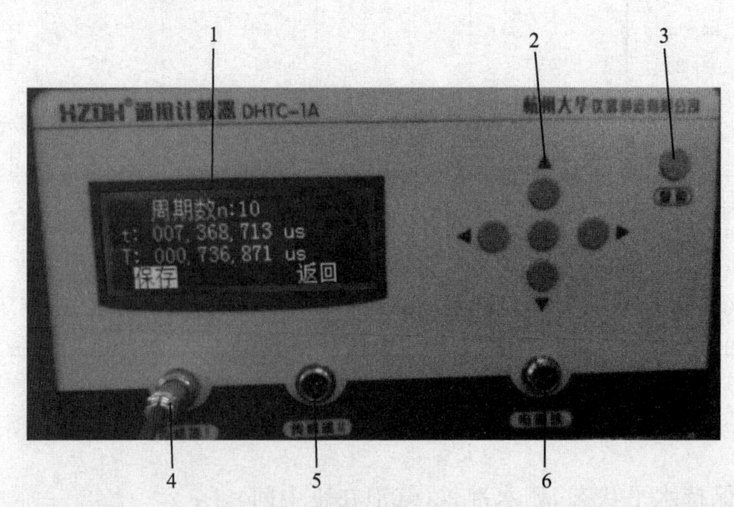

1—液晶显示器；2—功能键盘(含上键，下键，左键，右键和确认键)；3—系统复位键；4—传感器Ⅰ接口(光电门Ⅰ)；5—传感器Ⅱ接口(光电门Ⅱ)；6—电磁铁输出接口(控制电压 DC 9 V)

图 3-2　通用计数器面板图

2. DHTC-1A 通用计数器使用方法介绍

1. 打开 DHTC-1A 通用计数器进入欢迎界面，按任意键进入菜单界面，如图 3-3(a)所示。

2. 按上、下键选择“周期测量”功能键，进入如图 3-3(b)界面。

3. 按要求，用左右键设置周期数值。

4. 选择“开始测量”，按确认键进入如图 3-3(c)界面，仪器开始进行测量。

5. 测量完成后，仪器显示界面会自动显示测试结果，如图 3-3(d)所示。

6. 将测试结果记录到数据表 3-1 中。

7. 更换不同的待测物体，重复步骤 1～6，将数据填入数据表 3-1 或表 3-2。

8. 在图 3-3(d)界面按左、右键切换“保存”和“返回”功能，按确认键选择相应功能。

9. 选择“返回”按确认键返回上级，选择“保存”按确认键，进入图 3-3(e)界面，数据保存成功后显示图 3-3(f)界面，该仪器最多保存 30 组数据。

10. 在图 3-3(b)界面选择“数据查询”功能，进入图 3-3(g)界面，按下、上键查看数据。

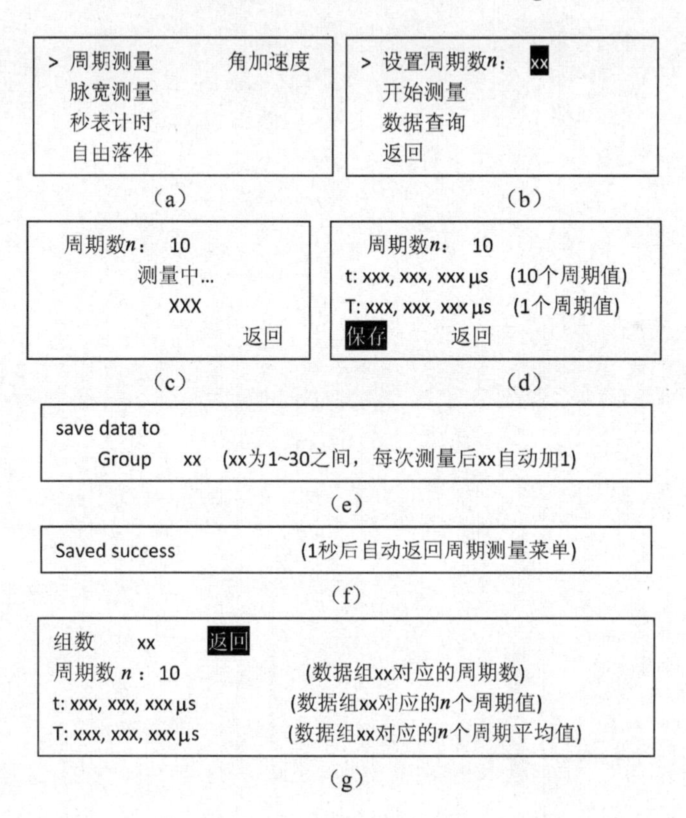

图 3-3　计数器操作示意图

实验4
空气比热容比的测定

气体的比热容比又称气体的绝热系数，是一个重要的热力学常数，气体比热容比的测量是物理学的基本测量之一。本实验根据热力学原理，采用绝热膨胀法，分别用新型扩散硅压力传感器和电流型集成温度传感器(AD590)测量空气的压强和温度，从而测定空气的比热容比。

实验目的

1. 用绝热膨胀法测定空气的比热容比。
2. 观测并总结热力学过程中气体状态变化及基本物理规律。
3. 学习气体压力传感器和电流型集成温度传感器的工作原理及使用方法。

实验仪器

FD－NCD－II 型空气比热容比测定仪。

如图 4－1、图 4－2 所示，FD－NCD－II 型空气比热容比测定仪，由贮气瓶(瓶、活塞、橡皮塞、打气球)、压力传感器及电缆、温度传感器(AD590)及电源等组成。

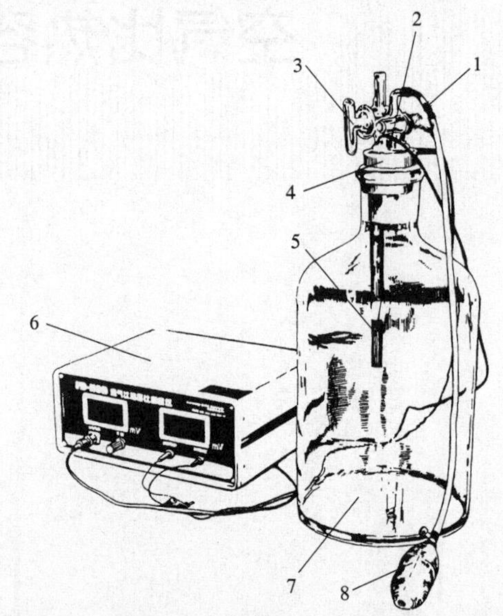

1—充气阀 B；2—扩散硅压力传感器；3—放气阀 A；4—瓶塞；
5—AD590 集成温度传感器；6—电源；7—贮气玻璃瓶；8—打气球

图 4－1　空气比热容比测定仪

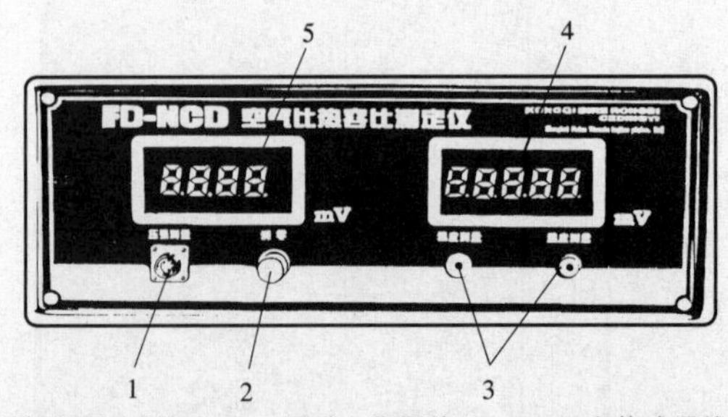

1—压力传感器接线端口；2—调零电位器旋钮；3—温度传感器接线插孔；
4—四位半数字电压表面板(温度)；5—三位半数字电压表面板(压强)

图 4－2　空气比热容比测定仪面板示意图

1. AD590 电流型集成温度传感器

如图 4－3 所示，AD590 电流型集成温度传感器测温范围为－50 ℃～150 ℃，接 6 V 直流电源后组成一个稳流源，测温灵敏度为 1 μA/℃，若串联 5 kΩ 电阻后可产生 5 mV/℃的信号电压，接 0～2 V 量程四位半数字电压表，可检测到最小 0.02 ℃的变化。

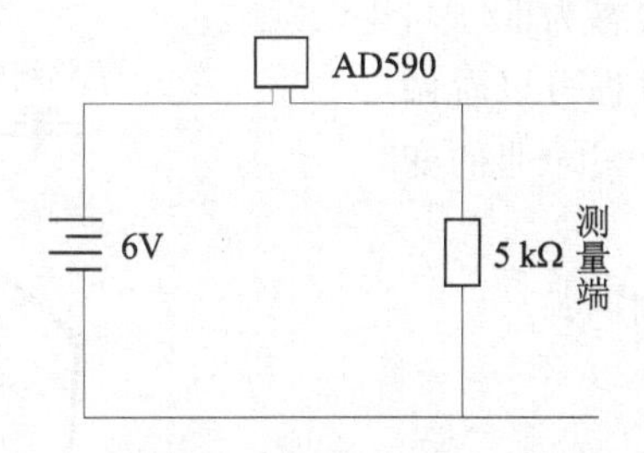

图 4－3　AD590 电流型集成温度传感器原理图

2. 扩散硅压阻式差压传感器

扩散硅压阻式差压传感器的探头通过同轴电缆线输出信号，与仪器内的放大器及三位半数字电压表相接(0～200.0 mV)。

当待测气体的压强为环境大气压 P_0 时，数字电压表显示为"0"；当待测气体压强为 $P_0+10.00$ kPa，数字电压表显示为 200.0 mV，气体压强灵敏度 S 为 20 mV/kPa，测量精度为 5 Pa，测量范围 $P_0\sim(P_0+10.0\ \text{kPa})$。

显然，数字电压表显示的数值为 V 时，待测气体的压强 P 为：

$$P = P_0 + V/S = P_0 + P' \tag{4-1}$$

实验原理

理想气体的压强 P、体积 V 和温度 T 在准静态绝热过程中，遵守绝热过程方程：

$$P^{\gamma-1}T^{-\gamma} = \text{常量} \tag{4-2}$$

其中 γ 为气体的定压比热容 C_P 和定容比热容 C_V 之比：

$$\gamma = C_P/C_V \tag{4-3}$$

通常称 γ 为该气体的比热容比(亦称绝热系数)。

如图 4－4 所示，我们以贮气瓶内部分空气(近似为理想气体)作为研究对象，进行如下实验过程。

(1) 首先打开放气阀 A，贮气瓶与大气相通，再关闭 A，瓶内充满与周围空气同温(设为 T_0)、同压(设为 P_0)的气体。

(2) 打开充气阀 B，用充气球向瓶内打气，充入一定量的气体，然后关闭充气阀 B。此时瓶内空气被压缩，压强增大，温度升高。等待内部气体温度稳定，即达到与周围温度平衡，此时瓶内气体压强为 P_1，温度为 T_0，气体处于状态Ⅰ(P_1, V_1, T_0)。

(3) 迅速打开放气阀 A，使瓶内气体与大气相通，将有体积为 ΔV 的气体从贮气瓶喷出。当瓶内压强降至 P_0 时，立刻关闭放气阀 A，由于放气过程较快，瓶内保留的气体来不及与外界进行热交换，可以认为是一个绝热膨胀的过程。在此过程后，瓶中的气体由状态 Ⅰ(P_1, V_1, T_0)转变为状态Ⅱ(P_0, V_2, T_1)。V_2 为贮气瓶容积，V_1 为保留在瓶中这部分气体在状态 Ⅰ(P_1, V_1, T_0)时的体积。

(4) 由于瓶内气体温度 T_1 低于室温 T_0,所以瓶内气体慢慢从外界吸热,直至达到室温 T_0 为止,此时瓶内气体压强也随之增大为 P_2。则稳定后的气体状态为Ⅲ(P_2, V_2, T_0)。从状态Ⅱ→状态Ⅲ的过程可以看做是一个等容吸热的过程。状态Ⅰ→Ⅱ→Ⅲ的变化过程如图4-4所示。

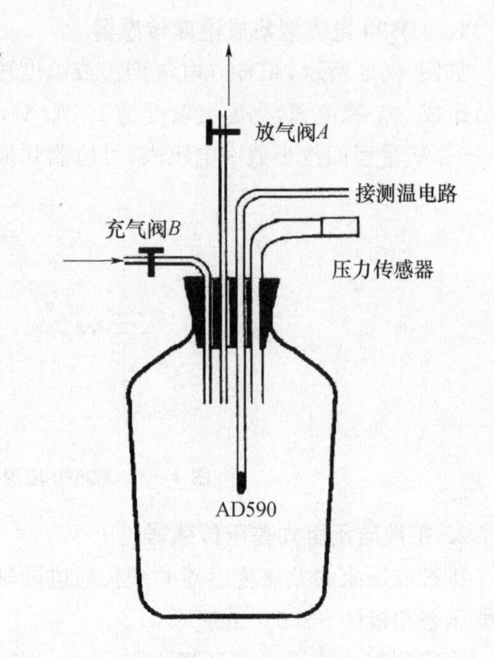

Ⅰ→Ⅱ是绝热过程,由绝热方程得:

$$P^{\gamma-1}T^{-\gamma} = 常量$$

即:

$$P_1^{\gamma-1}T_0^{-\gamma} = P_0^{\gamma-1}T_1^{-\gamma}$$

或

$$\left(\frac{P_1}{P_0}\right)^{\gamma-1} = \left(\frac{T_0}{T_1}\right)^{\gamma} \qquad (4-4)$$

Ⅱ→Ⅲ为等容吸热过程,由等容过程方程得:

$$\frac{P_2}{T_0} = \frac{P_0}{T_1} \qquad (4-5)$$

由式(4-4)和式(4-5)得:

$$\left(\frac{P_1}{P_0}\right)^{\gamma-1} = \left(\frac{P_2}{P_0}\right)^{\gamma} \qquad (4-6)$$

本实验中,P_1 和 P_2 分别为:

$$P_1 = P_0 + V_1/S = P_0 + P_1'$$

$$P_2 = P_0 + V_2/S = P_0 + P_2'$$

将 P_1、P_2 代入式(4-6)中得:

$$\left(1+\frac{P_1'}{P_0}\right)^{\gamma-1} = \left(1+\frac{P_2'}{P_0}\right)^{\gamma}$$

考虑到 $P_1' \ll P_0$, $P_2' \ll P_0$,将上式进行数学运算(泰勒级数展开),忽略二阶以上小量,得到:

$$1+(\gamma-1)\frac{P_1'}{P_0} = 1+\gamma\frac{P_2'}{P_0}$$

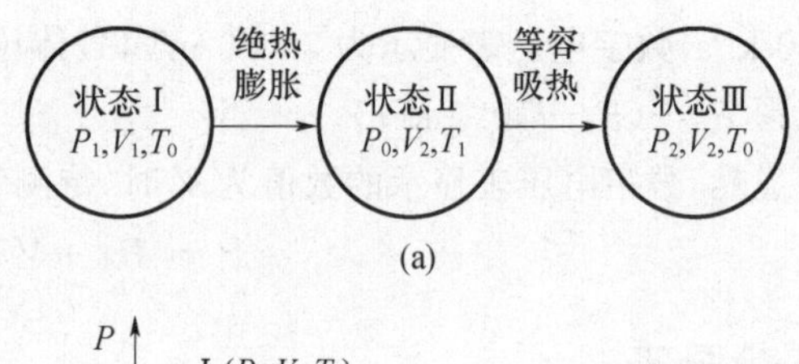

(a)

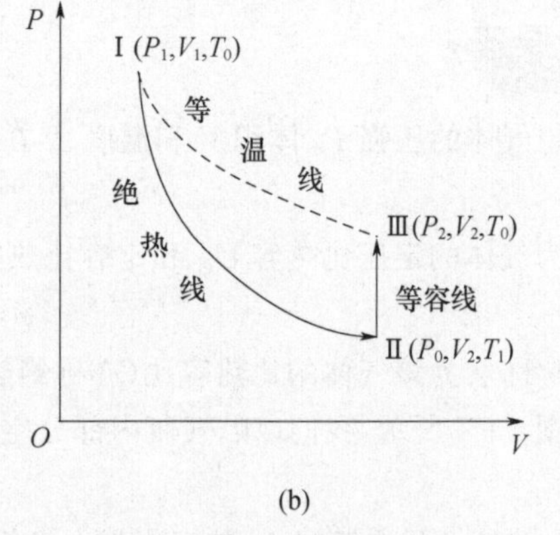

(b)

图4-4 气体状态变化图

$$\gamma = \frac{P_1'}{P_1' - P_2'} \qquad (4-7)$$

在实验中测出 P_1' 和 P_2',代入式(4-7),即可求出空气比热容比 γ。

实验内容与测量

(1) 按图4-1接好仪器的电路,AD590温度传感器的正负极请勿接错,电源机箱后面的开关拨向“内”。开启电源,将仪器预热 20 分钟,打开放气活塞 A,用调零电位器调节零点,把三位半数字电压表示值调到“0”。观察右边四位半电压表读数,此时室温为 T_0。

(2) 把放气阀 A 关闭,充气阀 B 打开,用充气球把空气稳定地徐徐打进贮气瓶内,使三位半数字电压表示值升高到 100～150 mV 之间。然后关闭进气阀 B,待瓶内压强均匀稳定后,记录压强 P_1'和温度 T_0 值。

(3) 迅速打开放气阀 A,使瓶内气体与大气相通,由于瓶内气压高于大气压,瓶内 ΔV 体积的气体将突然喷出,发出“嗤”的声音。当瓶内空气压强降至环境大气压强 P_0 时(放气声刚结束),立刻关闭放气阀 A,这时瓶内气体温度降低,状态变为Ⅱ。注意:放气声消失应立即关闭 A,否则引起较大的误差。

(4) 当瓶内空气的温度上升至温度 T_0 时,且压强稳定后,记下 P_2'的示值。此时瓶内气体近似为状态Ⅲ(P_2,V_2,T_0)。

(5) 打开放气阀 A,使贮气瓶与大气相通,以便于下一次测量。

(6) 把测得的 P_1'、P_2'、T_0 的电压值填入数据记录表格 4-1 中。

(7) 重复步骤(2)～(5),测量 10 次,将所得数据填入数据表格 4-1 内。

表 4-1　空气比热容比测定数据记录表格

N	$P_0/10^5$ Pa	T_0/mV	P_1'		P_2'		γ
			mV	kPa	mV	kPa	
1	1.0248						
2							
3							
4							
5							
6							
7							
8							
9							
10							
$\overline{\gamma}$							

注意事项

1. 实验中贮气玻璃瓶及各仪器应放于合适位置,不要将贮气玻璃瓶放于靠桌沿处,以免打破。

2. 转动充气阀和放气阀的活塞时,一定要一手扶住活塞,另一只手转动活塞,避免损坏活塞。

3. 实验前应检查系统是否漏气。方法是:关闭放气阀 A,打开充气阀 B,用充气球向瓶内打气,使瓶内压强升高 1 000～2 000 Pa(对应电压值为 20～40 mV),关闭充气阀 B,观察压强是否稳定,若始终下降则说明系统有漏气之处,须找出原因。

4. 做好本实验的关键是放气要进行得十分迅速。即打开放气阀后又关上放气阀的动作要迅速快捷,使瓶内气体与大气相通要充分且尽快完成。

数据处理

1. 根据表4－1记录的数据,依据式(4－7),计算出空气的比热容比值。

$$\gamma_{测}=\overline{\gamma}=$$

2. 计算测量结果的相对误差。

$$E=\frac{|\overline{\gamma}-\gamma_{理}|}{\gamma_{理}}\times 100\%(\gamma_{理}=1.402)$$

讨论题

1. 本实验的研究对象,是指哪部分气体?
2. 实验时若放气不充分,则所得γ值是偏大还是偏小?为什么?
3. 该实验的误差来源主要有哪些?

结　论

通过对实验现象和实验结果的分析,你能得到什么结论?

实验5
受迫振动的研究

振动是一种重要又普遍的运动形式,在日常生活、物理学和各种工程技术领域中都会见到。其中受迫共振现象具有实用价值,许多仪器和装置都是利用共振原理设计制造的。例如:微波炉、共振筛、龙洗盆等。而共振的危害性也是多方面的,在建筑工程、机械制造、配电网络等方面都存在共振的危害。其中著名的有1940年11月7日美国塔科马海峡大桥的坍塌。在应用共振现象的同时,也要防止共振现象引起的破坏,因此研究受迫振动是很有必要和有意义的。

受迫振动的性质是由受迫振动的振幅—频率特性(简称幅频特性)和相位—频率特性(简称相频特性)来表征的。

本实验中,采用波耳共振仪定量测定机械受迫振动的幅频特性和相频特性,并利用频闪方法来测定动态的物理量——相位差。

实验目的

1. 研究波耳共振仪中弹性摆轮受迫振动的幅频和相频特性。
2. 研究阻尼力矩对受迫振动的影响,观察共振现象。
3. 学习用频闪法测定相位差的方法。

实验仪器

ZKY-BG型波耳共振仪。

ZKY-BG型波耳共振仪由振动仪与电器控制箱两部分组成。振动仪部分如图5-1所示。铜质圆形摆轮安装在机架上,弹簧的一端与摆轮的轴相连,另一端可固定在机架支柱上,在弹簧弹性力的作用下,摆轮可绕轴自由往复摆动。在摆轮的外围有一圈槽型缺口,其中一个凹槽比其他凹槽长出许多。在机架上对准长凹槽处有一个光电门A,它与电气控制箱相连接,用来测量摆轮的振幅(角度值)和摆轮的振动周期。在机架下方有一对带有铁芯的线圈,摆轮恰好嵌在铁芯的空隙中。利用电磁感应原理,当线圈中通过直流电流后,摆轮受到一个电磁阻尼力的作用,改变电流的数值即可使阻尼大小相应变化。为使摆轮作受迫振动,在电动机轴上装有偏心轮,通过连杆机构带动摆轮。在电动机轴上装有带刻线的有机玻璃转盘,它随电机一起转动,由它可以从角度读数盘读出位相差φ。调节控制箱上的十圈电机转速调节旋钮,可以精确改变加于电机上的电压,使电机的转速在实验范围(30~45 r/min)内连续可调,由于电路中采用特殊稳速装置,电动机采用惯性很小的带有测速发电机的特种电机,所以转速极为稳定。电机的有机玻璃转盘上装有两个挡光片。在角度读数盘中央上方90°处装有光电门B,并与控制箱相连,以测量强迫力矩的周期。

受迫振动时摆轮与外力矩的相位差用频闪法来测量。闪光灯受摆轮处光电门A控制,每当摆轮上长凹槽通过平衡位置时,光电门A接收光,闪光灯闪光(**注意:**闪光灯应按照图5-1的方式放在底座上,切勿拿在手中直接照射刻度盘)。当受迫振动稳定时,在闪光灯照射下可以看到有机玻璃盘上的标志线好像一直“停在”某一刻度处,这一现象称为频闪现象,此数值就是摆轮与外力矩的相位差,测量误差不大于2°。闪光灯在长凹槽每次通过光电门A时都会闪光,即每个振动周期闪光两次。

摆轮振幅是利用光电门A测出摆轮外圈上凹槽移动个数,并换算成角度,最终在显示屏上显示出此值,精度为2°。

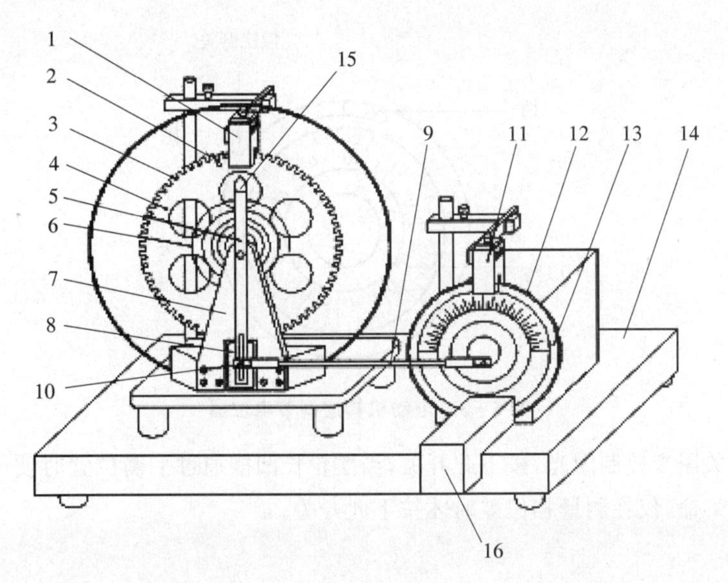

1—光电门 A；2—长凹槽；3—短凹槽；4—铜质摆轮；5—摇杆；6—蜗卷弹簧；7—支撑架；
8—阻尼线圈；9—连杆；10—摇杆调节螺钉；11—光电门 B；12—角度盘；13—有机玻璃转盘；
14—底座；15—弹簧夹持螺钉；16—闪光灯

图 5-1　ZKY-BG 型波耳共振仪振动仪

ZKY-BG 型波耳共振仪电器控制箱的前面板如图 5-2 所示。

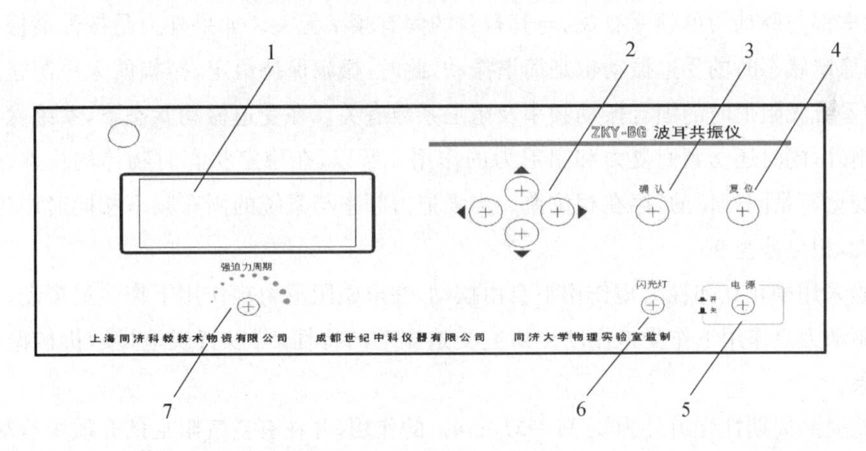

1—液晶显示屏幕；2—方向控制键；3—确认按键；4—复位按键；5—电源开关；6—闪光灯开关；7—强迫力周期调节电位器

图 5-2　波耳共振仪前面板示意图

强迫力周期调节旋钮即电机转速调节旋钮，是一个带有刻度的十圈电位器，调节此旋钮时可以精确改变电机转速，即改变强迫力矩的周期。当锁定开关处于图 5-3 中所示的位置时，电位器刻度锁定，要调节大小需将其置于该位置的另一边。×0.1 档旋转一圈，×1 档走一个刻度。一般调节刻度仅供实验时作参考，以便大致确定强迫力矩周期值在十圈电位器上的相应位置。

可以通过软件控制阻尼线圈内直流电流的大小，达到改变摆轮系统的阻尼系数的目的。阻尼挡位的选择通过软件来控制，共分 3 挡，分为："阻尼 1"、"阻尼 2"、"阻尼 3"。实验时选用位置视情况而定(可先选择"阻尼 2"，若共振时振幅太小可改用"阻尼 1")，应使共振振幅不大于 150°。

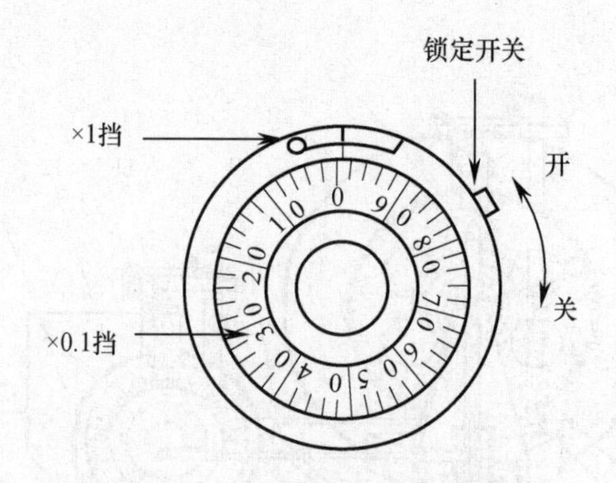

图5-3　电动机转速调节电位器

"闪光灯"开关用来控制闪光,按下此开关,当摆轮长凹槽通过平衡位置时便产生闪光。为了延长闪光灯使用寿命,仅在测量相位差时才按下此开关。

实验原理

物体在周期性外力的持续作用下发生的振动称为受迫振动,这个周期性的外力称为强迫力(或驱动力)。物体的受迫振动达到稳定状态时,其振动的频率与强迫力频率相同,而与物体的固有频率无关。例如:扬声器纸盆的振动、录音机耳机中膜片的振动都受到外来驱动力的持续作用,振动频率都与驱动力的频率有关,与其自身的固有频率无关。如果外力是按简谐振动规律变化的,那么稳定状态时的受迫振动也是简谐振动,此时,振幅保持恒定,振幅的大小与强迫力的频率、原振动系统无阻尼时的固有振动频率及阻尼系数有关。在受迫振动状态下,系统除了受到强迫力的作用外,同时还受到回复力和阻尼力的作用。所以,在稳定状态时物体的位移、速度变化与强迫力变化不是同相位的,存在相位差。当强迫力频率与系统的固有频率相同时产生共振,此时振幅最大,相位差为90°。

本实验采用摆轮在弹性力矩作用下自由摆动,在电磁阻尼力矩作用下作阻尼振动,在电磁阻尼力矩和驱动力矩作用下作受迫振动来研究受迫振动的特性,可以直观地显示机械振动中的一些物理现象。

当摆轮受到周期性强迫外力矩 $M=M_0\cos\omega t$ 的作用,并在有空气阻尼的介质中运动时(阻尼力矩为 $-b\dfrac{\mathrm{d}\theta}{\mathrm{d}t}$),其运动方程为:

$$J\frac{\mathrm{d}^2\theta}{\mathrm{d}t^2}=-k\theta-b\frac{\mathrm{d}\theta}{\mathrm{d}t}+M_0\cos\omega t \qquad (5-1)$$

式中:J 为摆轮的转动惯量;$-k\theta$ 为弹性力矩;M_0 为强迫力矩的幅值;ω 为强迫力的角频率。

令 $\omega_0^2=\dfrac{k}{J}$,$2\beta=\dfrac{b}{J}$,$m=\dfrac{M_0}{J}$,则式(5-1)变为:

$$\frac{\mathrm{d}^2\theta}{\mathrm{d}t^2}+2\beta\frac{\mathrm{d}\theta}{\mathrm{d}t}+\omega_0^2\theta=m\cos\omega t \qquad (5-2)$$

式中:β 为阻尼系数;ω_0 为系统的固有频率;m 为强迫力矩。当 $m\cos\omega t=0$ 时,无强迫力矩,式

(5-2)即为阻尼振动方程，当$\beta=0$，即在无阻尼情况时，式(5-2)变为简谐振动方程。方程(5-2)的通解为：

$$\theta=\theta_1 e^{-\beta t}\cos(\omega_1 t+\alpha)+\theta_2\cos(\omega t+\varphi_0) \tag{5-3}$$

由式(5-3)可见，受迫振动可分为两部分。

第一部分，$\theta_1 e^{-\beta t}\cos(\omega_1 t+\alpha)$表示阻尼振动，经过一定时间后衰减到可忽略不计。

第二部分，说明强迫力矩对摆轮做功，向振动系统传递能量，最后达到一个稳定的振动状态，其振幅为：

$$\theta_2=\frac{m}{\sqrt{(\omega_0^2-\omega^2)^2+4\beta^2\omega^2}} \tag{5-4}$$

它与强迫力矩之间的相位差：

$$\varphi=\arctan\frac{2\beta\omega}{\omega_0^2-\omega^2}=\arctan\frac{\beta T_0^2 T}{\pi(T^2-T_0^2)} \tag{5-5}$$

由式(5-4)和式(5-5)可看出，振幅θ_2与相位差φ的数值取决于强迫力矩m、强迫力频率ω、固有频率ω_0和阻尼系数β四个因素，而与振动初始状态无关。

由极大值条件$\frac{\partial\theta}{\partial\omega}=0$可得，当强迫力的角频率$\omega=\sqrt{\omega_0^2-2\beta^2}$时产生共振，$\theta$有极大值。若共振时的角频率和振幅分别用$\omega_r$、$\theta_r$表示，则：

$$\omega_r=\sqrt{\omega_0^2-2\beta^2} \tag{5-6}$$

$$\theta_r=\frac{m}{2\beta\sqrt{\omega_0^2-\beta^2}} \tag{5-7}$$

式(5-6)和式(5-7)表示，阻尼系数β越小，共振时角频率越接近于系统固有频率，振幅也越大。图5-4和图5-5表示出在不同β时受迫振动的幅频和相频特性。

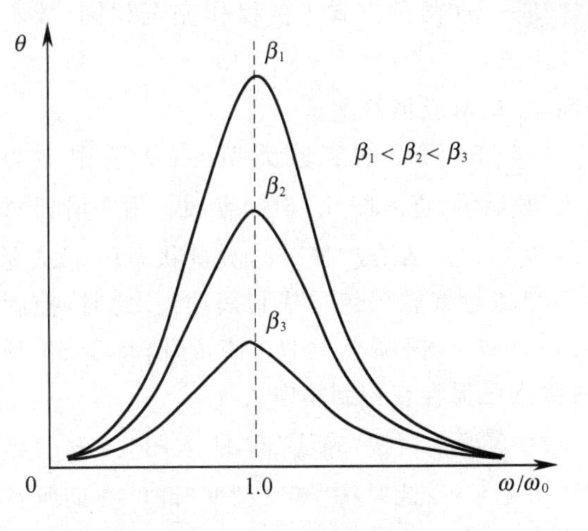

图5-4　幅频特性曲线

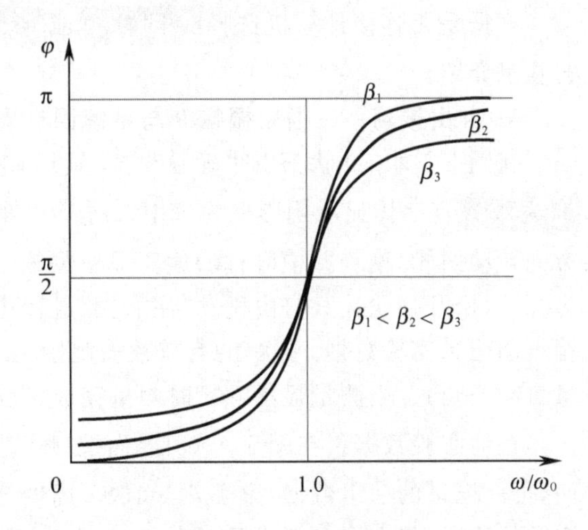

图5-5　相频特性曲线

实验内容与测量

1. 实验准备

按下电源开关后,屏幕上出现欢迎界面,过几秒钟后屏幕上显示如图5-6(a)所示"按键说明"字样。符号"◀"为向左移动;"▶"为向右移动;"▲"为向上移动;"▼"向下移动。下文中的符号不再重新介绍。

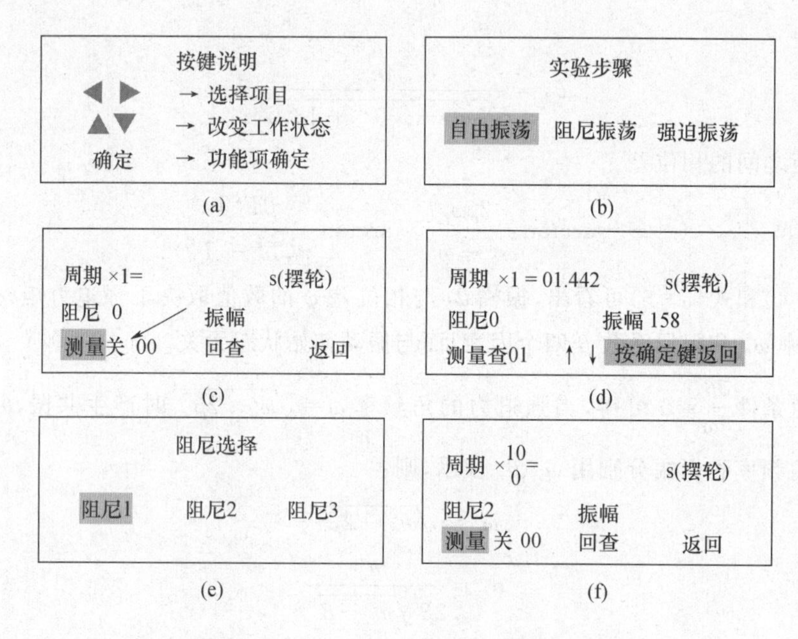

图5-6 ZKY-BG波耳共振仪操作(一)

2. 选择实验方式

根据是否连接计算机选择联网模式或单机模式。这两种方式下的操作完全相同,故不再重复介绍。

3. 自由振荡——摆轮振幅θ与系统固有周期T_0的对应值的测量

在图5-6(a)状态按"确认"键,显示图5-6(b)所示的实验类型,默认选中项为自由振荡,(字体显示阴影框为选中)。按下"确认"键显示,进入图5-6(c)界面。用手沿任意方向转动摆轮,使长凹槽(白线)偏离平稳位置160°左右,按"▲"或"▼"键,测量状态由"关"变为"开",松开摆轮让其自由摆动(注意:此过程中不得碰触摆轮以免干扰其摆动)。此时,控制箱自动记录实验数据,振幅的有效数值范围为:160°~50°(振幅小于160°测量开,小于50°测量自动关闭)。当测量显示"关"时测量完成,此时数据已保存在控制箱中。

查询实验数据。在图5-6(c)界面按"▶"键,选中回查,再按"确认"键,进入图5-6(d)界面,可见记录的一组数据:振幅$\theta_0=158°$,周期T=1.442秒,此时按"▼"或"▼"键可查询所有记录的数据,将数据全部记录在表5-1内(该表将在稍后的"幅频特性和相频特性"数据处理过程中使用)。回查完毕,按"确认"键,返回到图5-6(c)状态,按"▶"键选中返回,按"确认"键,回到图5-6(b)界面进行其他实验。

表 5-1　振幅 θ 与 $T_0(\omega_0)$ 关系数据记录表

振幅 $\theta/(°)$	周期 T_0/s	固有角频率 $\omega_0/\mathrm{s}^{-1}=2\pi/T_0$	振幅 $\theta/(°)$	周期 T_0/s	固有角频率 $\omega_0/\mathrm{s}^{-1}=2\pi/T_0$	振幅 $\theta/(°)$	周期 T_0/s	固有角频率 $\omega_0/\mathrm{s}^{-1}=2\pi/T_0$

4. 阻尼振荡——阻尼系数 β 的测量

在图 5-6(b)状态下，选中阻尼振荡，按“确认”键显示阻尼，界面如图 5-6(e)所示。选择阻尼强度(建议选阻尼 2)，按“确认”键进入图 5-6(f)界面。用手沿任意方向转动摆轮 160°左右，按“▲”或“▼”键，测量状态由“关”变为“开”，松开摆轮等待控制箱记录实验数据，记录 10 组数据后自动关闭测量。

阻尼振荡的回查同自由振荡类似，请参照上面操作。

利用公式(5-8)对所测数据(表 5-2)按逐差法处理，求出 β 值。

$$5\beta\overline{T}=\ln\frac{\theta_i}{\theta_{i+5}} \tag{5-8}$$

式中：i 为阻尼振动的周期次数；θ_i 为第 i 次振动时的振幅。

表5-2 阻尼系数β测量数据记录表

阻尼等级________ $10T=$________

序号i	振幅θ_i/(°)	序号$i+5$	振幅θ_{i+5}/(°)	$\ln\frac{\theta_i}{\theta_{i+5}}$
1		6		
2		7		
3		8		
4		9		
5		10		
$\ln\frac{\theta_i}{\theta_{i+5}}$的平均值				

$10T=$________ s $\Rightarrow$ $\overline{T}=$________ s

$5\beta\overline{T}=\ln\frac{\theta_i}{\theta_{i+5}}$ $\Rightarrow$ $\beta=$________ s^{-1}

5. 强迫振荡——受迫振动的幅频特性和相频特性曲线的测定

在进行强迫振荡前必须先做阻尼振荡,否则无法实验。

在图5-6(b)状态下,选中 强迫振荡 ,按"确认"键显示,如图5-7(a)所示。默认状态选中 电机 。

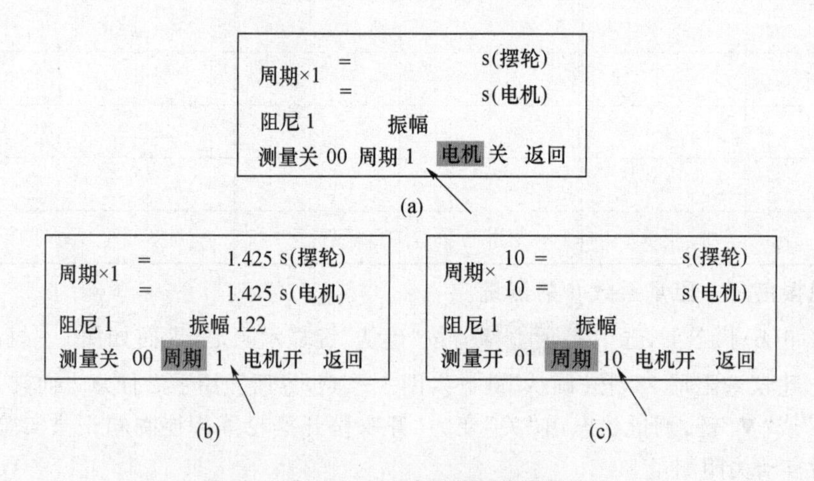

图5-7 ZKY-BG 波耳共振仪操作(二)

把强迫力周期调节电位器逆时针转到底,转动有机玻璃盘上让其标志线与角度盘上的0°和180°线对齐,然后按"▲"或"▼"键,让电机启动。此时保持周期为1,待摆轮和电机的周期相同,特别是振幅已稳定、(变化不大于1),表明两者已经稳定了(图5-7(b)),方可开始测量。

测量前应先选中 周期 ,按"▲"或"▼"键把周期由1(图5-7(a))改为10(图5-7(c)),其目的是为了减少误差,若不改周期,测量无法打开。再选中 测量 ,按下"▲"或"▼"键,测量打开并记录数据(图5-7(c))。

一次测量完成,显示测量关后,读取摆轮的振幅值,并用频闪法测定受迫振动位移与强迫力间的相位差。把电动机转速刻度值、电机 10 次振动周期、摆轮振幅和相位差都记入表 5-3 中。

调节强迫力周期电位器,改变电机的转速,即改变强迫外力矩频率 ω,从而改变电机转动周期。电机转速的改变可按照 $\Delta\varphi$ 控制在 10°左右来定,φ 的参考值见表 5-3,要想满足这个要求需要多次试探。

每次改变了强迫力矩的周期,都需要等待系统稳定,约需 2 min,即返回到图 5-7(b)状态,等待摆轮和电机的周期相同,然后再进行测量。

在共振点附近由于曲线变化较大,因此测量数据相对密集些,此时电机转速极小变化会引起 $\Delta\varphi$ 很大改变。电机转速旋钮上的读数是一参考数值,建议在不同 ω 时都记下此值,以便实验中要重新测量时参考。

强迫振荡测量完毕,按"◀"或"▶"键,选中返回,按"确定"键,重新回到图 5-6(b)状态。

6. 关 机

在图 5-6(b)的状态下,按住复位键几秒钟,实验数据全部清除,然后按下电源,结束实验。

表 5-3 幅频特性和相频特性测量数据记录表

阻尼等级________

电动机转速刻度值	电机 10 次振动周期 $10T$/s	强迫力周期 T/s	振幅 θ/(°)	对应固有周期 T_0/s (查表 5-1)	角频率比 $\frac{\omega}{\omega_0}=\frac{T_0}{T}$	相位差 φ 测量值/(°)	φ 理论值 $\arctan\frac{\beta T_0^2 T}{\pi(T^2-T_0^2)}$
						30	
						40	
						50	
						60	
						70	
						80	
						85	
						90	
						95	
						100	
						110	
						120	
						130	
						140	
						150	

数据处理

1. 完成表5-1、表5-2和表5-3内的数据记录和计算。

2. 根据表5-3的数据,在坐标纸上,以角频率比ω/ω_0为横轴,振幅θ为纵轴,作出幅频特性$\theta-\omega/\omega_0$曲线;以角频率比ω/ω_0为横轴,相位差φ为纵轴,作出相频特性$\varphi-\omega/\omega_0$曲线。

讨论题

1. 驱动力矩的周期是用哪个部件测量的,如何测量的?
2. 受迫振动的振幅和相位差与哪些因素有关?
3. 如何判断受迫振动达到共振状态?
4. 实验中是怎样利用频闪原理来测定相位差的?

结　论

通过对实验现象和实验结果的分析,你能得到什么结论?

实验6

测量(非)线性电阻的伏安特性

伏安法测电阻是电阻测量的基本方法之一。当一个元件两端加上电压,元件内有电流通过时,电压和电流之间存在着一定的关系。通过此元件的电流随外加电压的变化曲线,称为伏安特性曲线。从伏安特性曲线所遵循的规律,可以得知该元件的导电特性。满足欧姆定律 $U=RI$ 的电阻,若加在其两端的电压 U 与通过电阻的电流 I 成线性关系,这种电阻叫线性电阻。但是很多器件的电压与电流不满足线性关系,这种电阻叫非线性电阻,非线性元件的阻值用微分电阻表示,它表示电压随电流的变化率,又叫动态电阻或特性电阻。本实验主要测量线性和非线性电阻的伏安特性。

实验目的

1. 了解电学基本仪器的性能和使用方法。
2. 掌握用伏安法测电阻的方法。
3. 了解非线性电阻的伏安特性。
4. 测量二极管的正反向伏安特性曲线。

实验仪器

DH6102 型伏安特性实验仪,由直流稳压电源、可变电阻器、电流表、电压表及被测元件等五部分组成,电压表和电流表采用四位半数显表头,可以独立完成对线性电阻元件、半导体二极管等电学元件的伏安特性测量。

实验原理

1. 线性电阻伏安特性测量原理

在电阻器两端施加一直流电压,在电阻器内就有电流通过。根据欧姆定律,电阻器电阻值为:

$$R=\frac{U}{I} \tag{6-1}$$

式中:R 为电阻器在两端电压为 U,通过的电流为 I 时的电阻值,单位 Ω;U 为电阻器两端电压,单位 V;I 为电阻器内通过的电流,单位 A。

欧姆定律公式(6-1)表述成下式:

$$I=\frac{U}{R} \tag{6-2}$$

以 U 为自变量,I 为函数,作出电压电流关系曲线,称为该元件的伏安特性曲线(图 6-1)。

对于线绕电阻、金属膜电阻等电阻器,其电阻值比较稳定不变,其伏安特性曲线是一条通过原点的直线,即电阻器内通过的电流与两端施加的电压成正比,这种电阻器也称为线性电阻器。理想情况下,电流表内阻为 0,电压表内阻无穷大时,下述两种测试电路都不会带来附加测量误差,被测电阻 $R=\frac{U}{I}$。

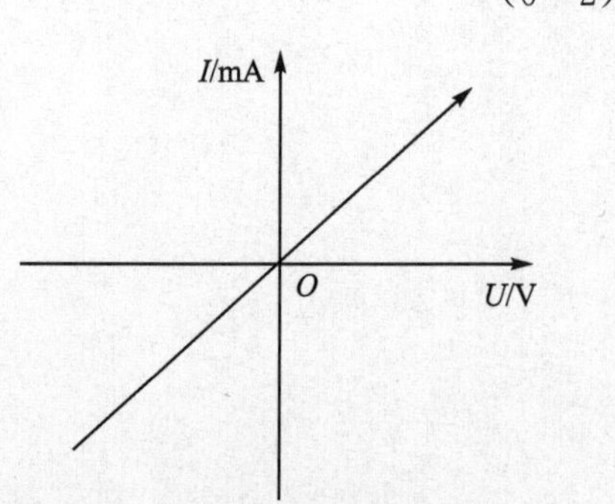

图 6-1 线性元件伏安特性

实际情况下,电流表和电压表都具有一定的内阻,将电流表和电压表内阻分别用 R_I 和 R_U 表示。因为 R_I 和 R_U 的存在,如果简单地用 $R=\dfrac{U}{I}$ 公式计算电阻器电阻值,必然带来附加测量误差。为了减少这种附加误差,测量电路可以粗略地按下述办法选择:

(1) 当 $R_U \gg R$,R_I 和 R 相差不大时,宜选用电流表外接电路(图 6-2)。

(2) 当 $R \gg R_I$,R_U 和 R 相差不大时,宜选用电流表内接电路(图 6-3)。

(3) 当 $R \gg R_I$,$R_U \gg R$ 时,必须先用电流表内接和外接电路作测试而定。

具体方法如下:

(1) 先按电流表外接电路接好测试电路,调节直流稳压电源电压,使两表指针都指向较大的位置,保持电源电压不变,记下两表值为 U_1,I_1(图 6-2);将电路改成电流表内接式测量电路,记下两表值为 U_2,I_2(图 6-3)。

图 6-2 电流表外接测量电路　　图 6-3 电流表内接测量电路

(2) 将 U_1,U_2 和 I_1,I_2 比较,如果电压值变化不大,而 I_2 较 I_1 有显著减少,说明 R 是高值电阻。此时选择电流表内接式测试电路为好;反之电流值变化不大,而 U_2 较 U_1 有显著减少,说明 R 为低值电阻,此时选择电流表外接测试电路为好。

(3) 当电压值和电流值均变化不大,此时两种测试电路均可选择。

如果要得到测量准确值,就必须按以下公式予以修正。

即电流表内接测量时,

$$R=\frac{U}{I}-R_I \tag{6-3}$$

电流表外接测量时,

$$\frac{1}{R}=\frac{I}{U}-\frac{1}{R_U} \tag{6-4}$$

式中:R 为被测电阻阻值,U 为电压表读数值,I 为电流表读数值,R_I 为电流表内阻值,R_U 为电压表内阻值。

2. 非线性电阻伏安特性测量原理

1) 二极管伏安特性测量原理

对二极管施加正向偏置电压,则二极管中就有正向电流通过(多数载流子导电),随着正向偏置电压的增加,开始时,电流随电压变化很缓慢,而当正向偏置电压增至接近二极管导通电压时(锗管为 0.2 V 左右,硅管为 0.7 V 左右),电流急剧增加,二极管导通后,电压少许变化,都会导致电流的变化很大。

对锗二极管、硅二极管施加反向偏置电压时,二极管处于截止状态,其反向电压增加至该二极管的击穿电压时,电流猛增,二极管被击穿。在二极管使用中应避免出现击穿现象,因为这很容易造成二极管的永久性损坏。所以在做二极管反向特性时,应串入限流电阻,以防止因反向电流过大而损坏二极管。

二极管伏安特性示意图如图6-4、图6-5所示。

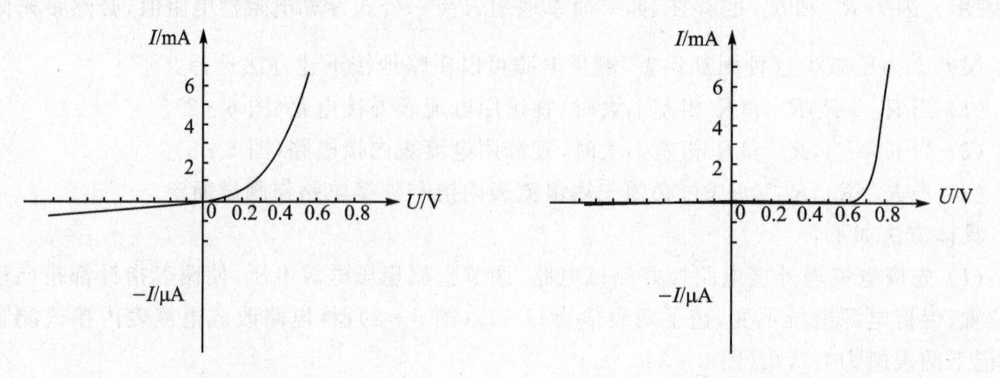

图6-4　锗二极管伏安特性示意图　　图6-5　硅二极管伏安特性示意图

2）稳压二极管伏安特性曲线原理

利用PN结反向击穿特性，即其电流可在很大范围内变化而电压基本不变的现象，制成的起稳压作用的二极管2EZ7.5D5属硅半导体稳压二极管，其正向伏安特性类似于1N4007型二极管，其反向特性变化甚大。当2EZ7.5D5二端电压反向偏置时，其电阻值很大，反向电流极小，据手册资料称其值≤0.5 μA。随着反向偏置电压的进一步增加，到7～8.8 V时，出现了反向击穿(有意掺杂而成)，产生雪崩效应，其电流迅速增加，电压稍许变化，将引起电流巨大变化。只要在线路中，对"雪崩"产生的电流进行有效的限流措施，其电流有少许变化，二极管二端电压仍然是稳定的(变化很小)。这就是稳压二极管的使用基础，其应用电路如图6-6所示，E为供电电源；C为电解电容，可以对稳压二极管产生的噪声进行平滑滤波；U_z为稳压输出电压。如果二极管稳压值为7～8.8 V，则要求E为10 V左右；R为限流电阻，2EZ7.5D5，工作电流选择8 mA，考虑负载电流2 mA，通过R的电流为10 mA，计算R值：

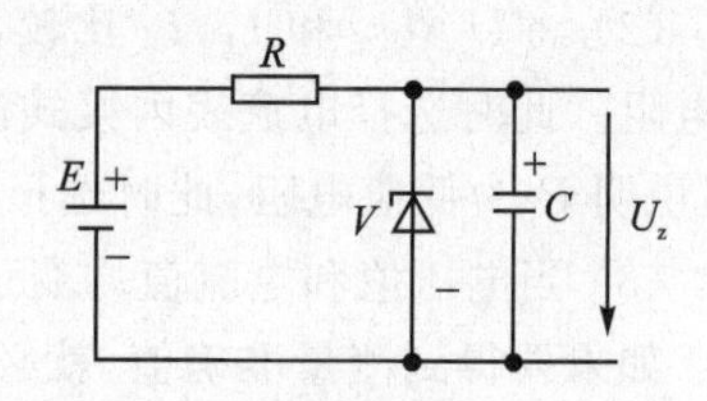

图6-6　稳压二极管应用电路

$$R=\frac{E-U_z}{I}=\frac{10-8}{0.01}\ \Omega=200\ \Omega$$

实验内容与测量

1. 线性电阻伏安特性的测量

(1) 被测电阻器：选择1 kΩ电阻器，误差≤±0.5%。

(2) 按照图6-7，连接电路。将开关置于"外接"，按电流表外接测试法测量，将测量数据填入表6-1。

(3) 按照图6-7，连接电路。将开关置于"内接"，按电流表内接测试法测量，将测量数据填入表6-1。

(4) 按式(6-1)计算R直算值，然后按式(6-3)，式(6-4)修正计算结果。

(5) 测试电路优选方法验证。

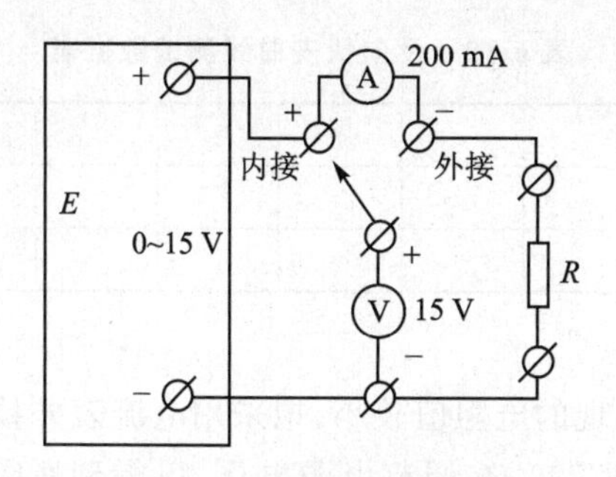

图 6－7　实验电路接线图

表 6－1　1 kΩ 电阻器伏安曲线测试数据表

电流表内接测试				电流表外接测试			
U/V	I/A	R 直算值/Ω	R 修正值/Ω	U/V	I/A	R 直算值/Ω	R 修正值/Ω

2. 非线性电阻伏安特性的测量

1）二极管反向特性测试

二极管的反向电阻值很大，采用电流表内接测试电路可以减少测量误差。按图 6－8 连接电路，变阻器设置 700 Ω，将测量数据填入表 6－2。

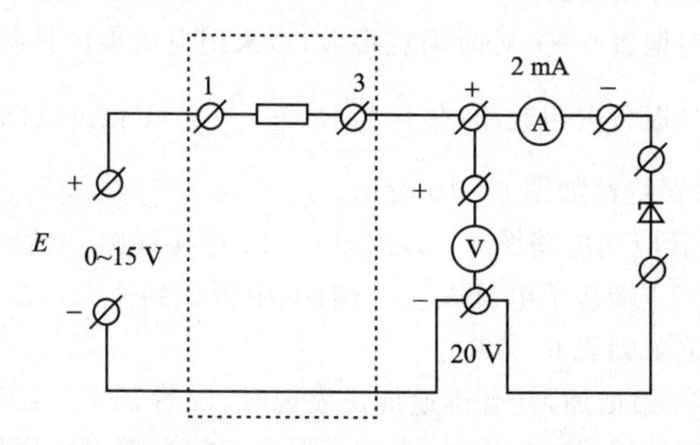

图 6－8　二极管反向特性测试电路

表 6-2　反向伏安曲线测试数据表

U/V								
I/μA								
电阻计算值/kΩ								

2) 二极管正向特性测试

二极管在正向导通时,呈现的电阻值较小,拟采用电流表外接测试电路。电源电压在0～10 V内调节,变阻器开始设置700 Ω,调节电源电压,以得到所需电流值。按图6-9连接电路,将测量数据填入表6-3。

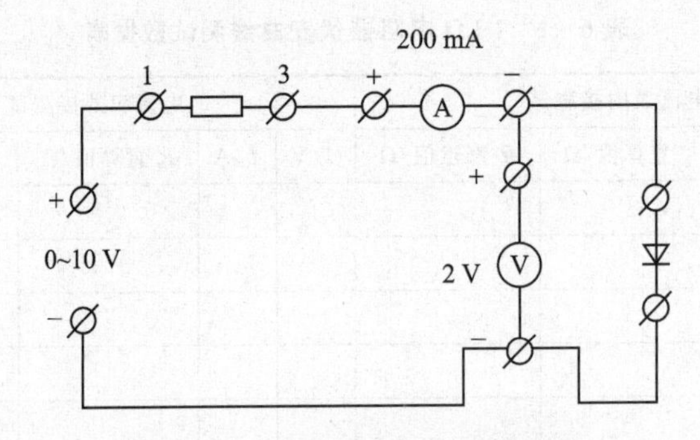

图 6-9　二极管正向特性测试电路

表 6-3　正向伏安曲线测试数据表

I/mA								
U/V								
电阻直算值/kΩ								
电阻修正值/Ω								

注:(1) 电阻修正值按电流表外接修正式(6-3)计算所得。

(2) 实验时二极管正向电流不得超过20 mA。

3) 稳压二极管伏安特性测试

(1) 2EZ7.5D5反向偏置0～7 V时阻抗很大,拟采用电流表内接测试电路为宜;反向偏置电压进入击穿段,稳压二极管内阻较小(估计为$R=\frac{8}{0.008}=1\ \text{k}\Omega$),这时拟采用电流表外接测试电路。稳压二极管伏安特性如图6-10所示。

(2) 参考稳压二极管应用电路图6-6,按图6-11连接线路,电源电压调至零。开始按电流表内接法,将电压表"+"端接于电流表"+"端;变阻器旋到1 100 Ω后,慢慢地增加电源电压,将电压表对应数据记录到表6-4中。

(3) 当观察到电流开始增加,并有迅速加快表现时,说明2EZ7.5D5已开始进入反向击穿过程,这时将电流表改为外接式。按表6-1继续慢慢地将电源电压增加至10V。为了继续增加2EZ7.5D5工作电流,可以逐步地减小变阻器电阻值,为了得到整数电流值,可以辅助微调电源电压。将测量数据填入表6-4中。

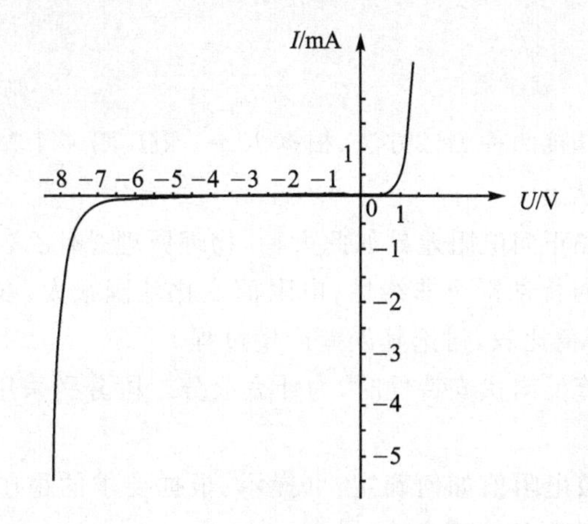

图 6－10　2EZ7.5D5 伏安曲线图

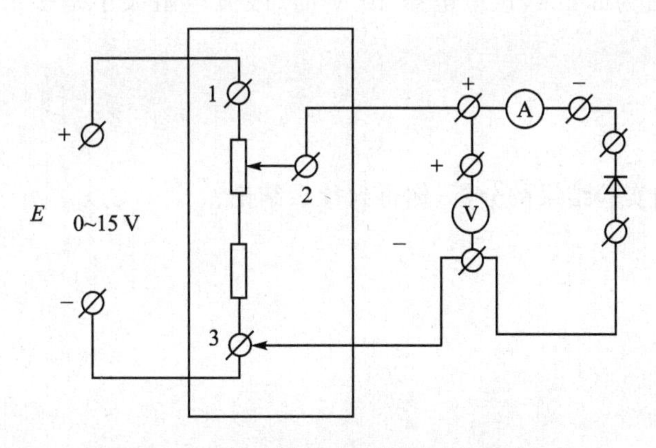

图 6－11　稳压二极管反向伏安特性测试电路

表 6－4　2EZ7.5D5 硅稳压二极管反向伏安特性测试数据表

电流表接法	测量数据						
内接式	U/V						
	I/μA						
外接式	I/mA						
	U/V						

数据处理

1. 根据表 6－1 数据，画出线性电阻伏安特性曲线图。
2. 根据表 6－2、表 6－3 画出二极管伏安特性曲线图。
3. 根据表 6－4 画出稳压二极管伏安特性图。

讨论题

1. 电流表有内接和外接两种测试方法,根据 $R=1\ \text{k}\Omega$,$R_U=1\ \text{M}\Omega$,$R_I=10\ \Omega$ 和测试误差,讨论两种测试方式优劣。

2. 二极管反向电阻和正向电阻差异如此大,其物理原理是什么?

3. 考虑到二极管正向特性严重非线性,电阻值变化范围很大,在制定表 6-3 时加了"电阻修正值"栏,与电阻直算值比较,讨论其误差产生过程。

4. 在测试稳压二极管反向伏安特性时,为什么会分二段分别采用电流表内接电路和外接电路?

5. 稳压二极管的限流电阻值如何确定?(提示:根据要求的稳压二极管动态内阻确定工作电流,由工作电流再计算限流电阻大小)

6. 选择工作电流为 8 mA,供电电压 10 V 时,限流电阻大小是多少?供电电压为 12 V 时,限流电阻又多大?

结 论

通过实验现象和实验结果的分析,你得到什么结论?

实验7

用单臂电桥测电阻

电桥是一种比较式的测量仪器,它在电测技术中应用极为广泛,可以用来测量电阻、电容、电感、温度、压力等许多种物理量。电桥分为直流电桥和交流电桥两大类。直流电桥又可分为单臂电桥和双臂电桥。单臂电桥测量的电阻为中高值电阻,其数量级一般在 $10\sim10^6\ \Omega$ 之间,可以忽略导线和接触电阻的影响。双臂电桥用于测量 10 Ω 以下的低值或超低值电阻。

实验目的

1. 掌握单臂电桥测量电阻的原理和方法。
2. 了解电桥灵敏度的概念。
3. 学习消除系统误差的一种方法——交换测量法。

实验仪器

SS1792F 型可跟踪直流稳压电源。

AC5-1±30 μA 直流检流计。

ZX21 型直流电阻箱　0.1 级　0~99 999.9 Ω。

QJ47 型直流单双臂箱式电桥。

简易电桥(九孔板、电阻、开关、导线等)。

实验原理

1. 单臂电桥

单臂电桥(也叫惠斯登电桥)的原理图如图 7-1 所示。图中 R_1、R_2、R_0 和 R_x(待测电阻)是电桥的四个臂,其中称 R_0 为比较臂,R_x 为待测臂,R_1/R_2 为电桥的比率。所谓的“桥”就是指接有检流计的 CD 这条对角线,桥上和检流计串联的是一个阻值较大的电阻 R_b,用来保护检流计。C、D 两点的电位分别由 R_1 和 R_x 以及 R_2 和 R_0 来决定,如果 C、D 两点的电位不相等,检流计中就会有电流流过。适当选择各桥臂电阻大小,使 C、D 两点的电位相等,流过检流计的电流 $I_g=0$。

此时,由 $V_{AC}=V_{AD}$,$I_1R_1=I_2R_2$ 和 $V_{BC}=V_{BD}$,$I_xR_x=I_0R_0$ 可得:

$$\frac{I_1R_1}{I_xR_x}=\frac{I_2R_2}{I_0R_0}$$

又因为 $I_g=0$,所以 $I_1=I_x$,$I_2=I_0$,则:

$$R_x=\frac{R_1}{R_2}R_0 \tag{7-1}$$

当桥臂电阻满足上式时,称电桥达到了平衡。通过调节 R_1、R_2 和 R_0 的阻值,可以使电桥平衡。如果 R_0 和比率 R_1/R_2 为已知,则可求出待测电阻 R_x。

2. 电桥灵敏度

从式(7-1)可以看出,电桥法测电阻的特点是将被测电阻与标准电阻进行比较,因而测量精度只取决于已知电阻。但是必须注意到式(7-1)是在电桥平衡时才成立,而电桥的平衡是根据检流计指针有无偏转来判断的。如果通过检流计的电流很小,指针偏转小于 0.2 格,就很难觉察出来。此时仍然会认为电桥达到平衡,而实际上电桥并不平衡,这就给测量带来误差。

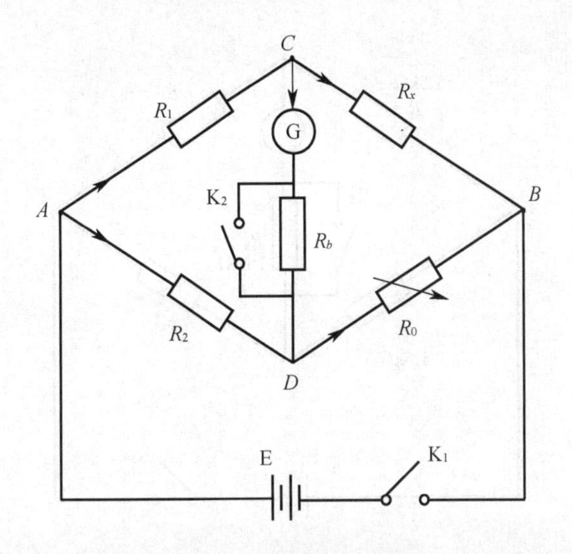

图7-1　单臂电桥原理图

例如，电桥平衡以后R_0改变ΔR_0，如果通过检流计的电流小到观察者觉察不到指针偏转，由式(7-1)会认为$R_x=\frac{R_1}{R_2}(R_0+\Delta R_0)$，这就带来测量误差$\Delta R_x=\frac{R_1}{R_2}\Delta R_0$，这个影响的大小取决于电桥灵敏度。什么是电桥的灵敏度？在已经平衡的电桥里，当调节电阻R_0改变ΔR_0时，检流计的指针偏转Δd格，定义电桥灵敏度S为：

$$S=\frac{\Delta d}{\Delta R_0/R_0} \tag{7-2}$$

改用高灵敏度的检流计和提高工作电压均能提高电桥的灵敏度。S越大，对平衡的判断越灵敏，因而能提高测量的精确度。

3. 交换测量法

电桥测电阻的误差主要由两方面的因素决定：一是R_1、R_2、R_0自身带来的误差，二是电桥的灵敏度。

当电桥的灵敏度较高时，被测电阻R_x的准确度决定于R_1、R_2、R_0的准确程度。保持R_1、R_2不变，将R_0和R_x交换位置，再调节R_0使电桥平衡，若此时比较臂电阻为R_0'，则有：

$$R_x=\frac{R_2}{R_1}R'_0 \tag{7-3}$$

联立式(7-1)和式(7-3)可得：

$$R_x=\sqrt{R_0R'_0} \tag{7-4}$$

由于式(7-4)中没有R_1、R_2，这样就消除了由于R_1、R_2的不准确所带来的系统误差，R_x的测量误差只与电阻箱R_0的仪器误差相关。而R_0可以选用高精度的电阻箱，这样就可以减小系统误差。

实验内容与测量

1. 简易电桥测量未知电阻R_x

(1) 按图7-2连接电路，按表7-1的要求调节供桥电压。

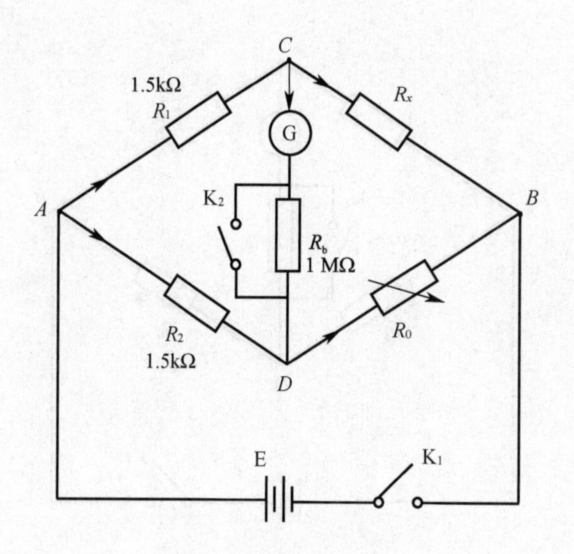

图7-2 简易电桥电路图

注意:电阻箱连接在“com”和“≤max”接线柱上。

(2) 合上K_1,先保持K_2断开。用“逐步逼近法”找平衡点:根据被测电阻的大概阻值和比率R_1/R_2,先估计R_0的大概范围。然后R_0取一个较小的数值,用“跃接法”(按下开关后立刻松开)接通检流计,观察指针偏转方向。然后R_0取一个较大的数值,使检流计指针往反方向偏转,则可判定平衡点在这两个数值之间。重复此调节,使指针偏转范围不断缩小,最终静止,即找到平衡点。

(3) 当调节R_0的阻值使检流计的指针不偏转时,合上K_2,继续用“逐步逼近法”找平衡点。当电桥再次平衡后,在表7-1中记下R_0的读数。

注意:使用检流计时,要打开两个电源开关,然后调零。按下按钮并旋转90°可以锁住,不能锁住“短路”按钮。实验过程先跃接“粗”按钮,再跃接“细”按钮进行测量。当检流计指针的偏转不超量程的时候,可以锁定“细”按钮进行测量。

(4) 交换R_x和R_0的位置,重复(2)和(3),测得的平衡点阻值记为R_0'的数值。

(5) 当电桥平衡后,锁定检流计“细”按钮。然后改变R_0的数值,使检流计指针向一侧偏转2.0个小格,在表7-1中记下此时R_0的改变量ΔR_0,利用公式求出灵敏度S。

注意:计算检流计偏转的格数,应以刻度盘上方的刻度为准。

(6) 改变供桥电压,重复以上步骤,完成表7-1内其他数据的测量。

表7-1 用简易电桥测量未知电阻($R_{x1}\approx 500\ \Omega, R_{x2}\approx 5\ 000\ \Omega$)

待测电阻	供桥电压/V	比率 M	R_0/Ω	R_0'/Ω	$R_x=\sqrt{R_0R_0'}/\Omega$	Δd/格	$\Delta R_0/\Omega$	S/格
R_{x1}	8.0	1.0				2.0		
	4.0	1.0				2.0		
R_{x2}	8.0	1.0				2.0		
	4.0	1.0				2.0		

2. 箱式电桥测量中值电阻(单臂电桥)

(1) 将被测电阻 R_{x1} 或 R_{x2} 接入“R_x”端。

(2) 打开仪器后方的总电源开关，将 K 开关扳向“内接”方向，内附检流计电源接通，调节调零旋钮使表针指零。为了保护检流计，先将灵敏度旋钮逆时针旋到底。

(3) S 开关置于“单”档。根据 R_x 的大概阻值($R_{x1}\approx 500\ \Omega, R_{x2}\approx 5\ 000\ \Omega$)，将 M(比率臂)按表 7-2 置于建议的位置，调节下方的电阻箱 R_0 的阻值为 500 Ω。

表 7-2　单臂电桥比率选择表

被测电阻 R_x/Ω	S 盘	比率 M	标度盘数值 R_0/Ω
$10\sim10^2$	单	0.1	$10^2\sim10^3$
$10^2\sim10^3$		1000/1000	
$10^3\sim10^4$		10	
$10^4\sim10^5$		100	
$10^5\sim10^6$		1000	

(4) 按下“G_0”开关，接通检流计，这时由于阻抗的变化，指针会有少量的偏移，再次调节调零旋钮，使指针准确指零。

(5) 用跃接法按下“B_0”开关，观察检流计的变化，并用“逐步逼近法”调节 R_0 寻找平衡点。当指针的偏转变得很小的时候，将灵敏度旋钮顺时针旋到底，锁定“B_0”开关，然后继续调节 R_0，使检流计准确指零。此时电桥平衡，电阻箱 R_0 的阻值乘以比率盘 M 的读数就是 R_x 的阻值。将 R_0 的大小记录在表 7-3 内。

(6) 在电桥平衡时，改变电阻箱 R_0 的末位刻度，使检流计指针偏离零点 10 个小格左右，记录此时的实际偏离格数 Δd 和电阻箱 R_0 的阻值变化量 ΔR_0 至表 7-3，利用公式求出灵敏度 S。

(7) 更换待测电阻，完成表 7-3 内其他数据的测量。

表 7-3　用箱式电桥测量未知电阻($R_{x1}\approx 500\ \Omega, R_{x2}\approx 5\ 000\ \Omega$)

待测电阻	比率 M	R_0/Ω	$Rx=MR_0/\Omega$	Δd/格	$\Delta R_0/\Omega$	S/格
R_{x1}	1 000/1 000					
R_{x2}	10					

数据处理

完成表 7-1 中供桥电压为 8 V 时的数据处理。

1. 由式(7-4)可知，R_x 的测量误差主要取决于电阻箱 R_0 的仪器误差，可用下列公式计算：

$$\Delta R_{0仪}=0.1\%R_0+0.005(K+1)=0.001R_0+0.005\times(6+1)=\_\_\_\_\_\_\_\_\ \Omega$$

其中 0.1% 是所用电阻箱的精确度等级，K 是实验中所用的十进制电阻盘的个数。

2. 由于电桥的平衡是根据检流计指针偏转来判断的，而判断指零时存在视差(通常视差为 0.2 格)，因而给测量结果引进一定的误差 ΔR_0^*，其大小取决于电桥灵敏度，即：

$$\Delta R_0^* = R_0 \frac{0.2}{S} = \underline{\qquad\qquad}\ \Omega$$

所以在计算不确定度 U_{R0} 时,除了电阻箱的仪器误差外,还要考虑到电桥灵敏度可能引进的附加误差 ΔR_0^*,因而:

$$U_{R0} = \sqrt{(\Delta R_{0仪})^2 + (\Delta R_0^*)^2} = \underline{\qquad\qquad}\ \Omega$$

3. 当比率 M=1 时,待测电阻 R_x 的相对不确定度由式(7-4)推出:

$$\frac{U_{Rx}}{R_x} = \sqrt{\left(\frac{1}{2}\frac{U_{R0}}{R_0}\right)^2 + \left(\frac{1}{2}\frac{U_{R0'}}{R_0{}'}\right)^2} \approx \frac{\sqrt{2}}{2}\frac{U_{R0}}{R_0} = \underline{\qquad\qquad}$$

得到待测电阻 R_x 的不确定度 U_{Rx} 为:

$$U_{Rx} \approx \frac{\sqrt{2}}{2}\frac{U_{R0}}{R_0}R_x = \underline{\qquad\qquad}\ \Omega$$

最终结果表示为:

$$R_x \pm U_{Rx} = (\underline{\qquad\qquad} \pm \underline{\qquad\qquad})\Omega$$

讨论题

电桥线路连接无误,合上开关,调节比较臂电阻:

1. 无论如何调节,检流计指针都不动,线路中可能什么地方有故障?
2. 无论如何调节,检流计指针始终向一个方向偏转,线路中可能什么地方有故障?

结 论

通过直流单臂电桥的使用,你得到了什么结论?

实验8

示波器的使用

示波器是一种用途广泛的基本电子测量仪器,用它能观察电信号的波形、幅度和频率等参数。用双踪示波器还可以测量两个信号之间的时间差,一些性能较好的示波器甚至可以将输入的电信号存储起来以备分析和比较。在实际应用中凡是能转化为电压信号的电学量和非电学量都可以用示波器来观测。

示波器分为模拟示波器和数字示波器两类。模拟示波器的优点在于具有极高的分辨率和很好的扫描速率,屏幕显示可以有亮度变化,实时为我们显示可信赖的波形;它的缺点也非常明显,对低频信号、非重复信号和瞬变信号很难处理。

数字示波器采用微处理器进行控制和数据处理,优点在于其强大的计算功能和对低频信号、非重复信号和瞬变信号有很强的处理能力;明显的缺点是显示分辨率低,扫描速率有限,亮度不可变化,不易观察复杂信号,不能观察实时信号以及会有假波现象出现。

实验目的

1. 了解示波器的结构和工作原理。
2. 学会用示波器测量信号电压、周期和频率的方法,并利用李萨如图形测量信号频率。
3. 掌握信号发生器的使用方法。

实验仪器

GOS-620 双踪模拟示波器。

TFG1005 函数信号发生器。

导线等。

实验原理

1. 模拟示波器的工作原理

模拟示波器主要由以下几个主要部分组成:电子示波管、扫描和整步电路、放大器和衰减器、供电部分。

1) 电子示波管

电子示波管的基本结构如图 8-1 所示。主要由电子枪、偏转系统和荧光屏三部分组成,全都密封在玻璃壳体内,里面抽成高真空。

电子枪由灯丝、阴极、控制栅极、第一阳极和第二阳极五部分组成。灯丝通电后加热阴极,阴极是一个表面涂有氧化物的金属圆筒,被加热发射电子。控制栅极是一个顶端有小孔的圆筒,套在阴极外面。它的电位比阴极低,对阴极发射出来的电子起控制作用,只有初速度较大的电子才能穿过栅极顶端的小孔然后在阳极加速下奔向荧光屏。模拟示波器面板上的“辉度”旋钮就是用来调节控制栅极的电位以控制射向荧光屏的电子流密度,从而改变荧光屏上的光斑亮度。阳极电位比阴极电位高很多,电子被它们之间的电场加速形成射线。当控制栅极、第一阳极与第二阳极电位之间电位调节合适时,电子枪内的电场对电子射线有聚焦作用,所以,第一阳极也称聚焦阳极。第二阳极电位更高,又称加速阳极。面板上的“聚焦”调节,就是调第一阳极电位,使荧光屏上的光斑成为明亮、清晰的小圆点。有的示波器还有“辅助聚焦”,实际是调节第二阳极电位。

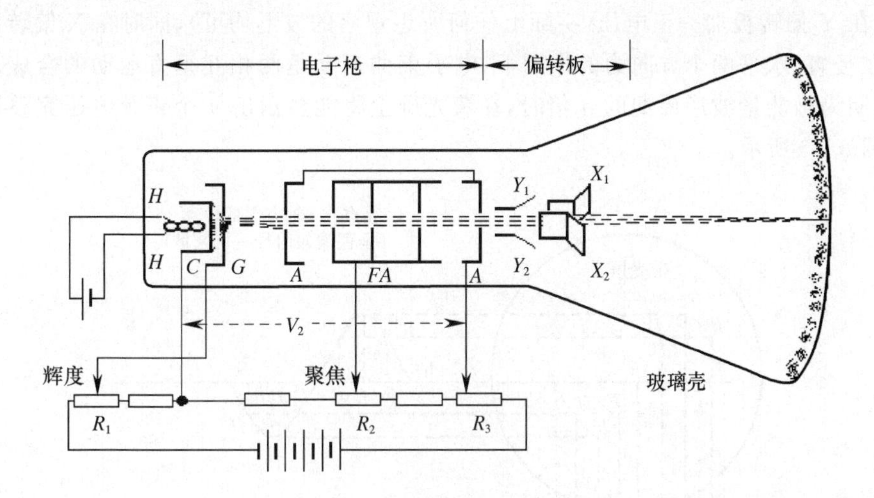

图 8-1　电子示波管结构图

偏转系统由两对互相垂直的偏转板组成，一对竖直偏转板，一对水平偏转板。在偏转板上加以适当电压，电子束通过时，其运动方向发生偏转，偏转的大小与加在偏转板上的电压成正比，从而使电子束在荧光屏上产生的光斑位置也发生改变。

荧光屏内壁上涂有荧光剂，电子束打上去就会在相应的位置发光，从而显示出电子束的位置。电子束停止作用后，荧光剂的发光需要经过一定的时间才会停止，所以荧光屏上看到的不是光点的移动，而是电子束扫过的所有点连成的发光线。电子束长时间打在荧光屏的同一个地方，会把荧光屏打坏，形成斑点，这是不允许的。

2）扫描和整步电路

要观察一随时间变化的电压 $V=f(t)$，若把它加在示波器的垂直偏转板上，则电子束所产生的亮点随电压的变化在 Y 方向来回运动，如果电压频率较高，由于人眼的视觉暂留现象，则看到的只是一条竖直亮线，其长度与正弦信号电压的峰—峰值成正比。那么，怎么才能在荧光屏上观察到波形呢？

为了能使 Y 方向所加的随时间 t 变化的信号电压 V 在空间展开，需在水平方向形成一时间轴，这个 t 轴可通过在水平偏转板上施加如图 8-2 所示的锯齿电压 $U_x(t)$ 来实现。由于该电压在 0～1 时间内电压随时间成线性关系达到最大值，使电子束在荧光屏上产生的亮点随时间线性水平移动，最后到达荧光屏的最右端。在 1～2 时间内（最理想情况是该时间为零）$U_x(t)$ 突然回到起点（即亮点回到荧光屏的最左端），如此重复变化。若频率足够高的话，则在荧光屏上形成了一条如图 8-2 所示的水平亮线，即 t 轴。

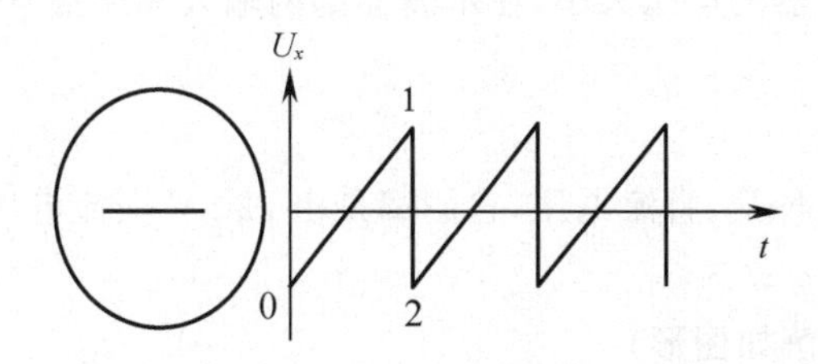

图 8-2　锯齿波电压示意图

如果在 Y 偏转板加一正电压(实际上任何所想观察的波形均可),同时在 X 偏转板加一锯齿电压,在竖直、水平两个方向力的作用下,电子束的运动是两相互垂直运动的合成。当锯齿波电压周期为被测量波形周期的 n 倍时,在荧光屏上将能显示出 n 个正弦电压完整周期的波形图,如图 8-3 所示。

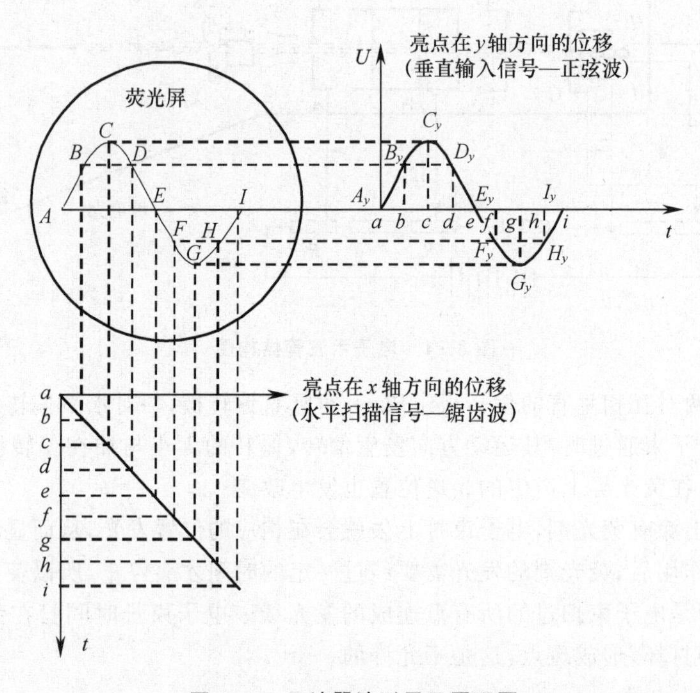

图 8-3　示波器波形显示原理图

实际上,待测电压与扫描电压的频率都是不稳定的,它们随时间各自可能会有某些波动。所以,当把扫描电压的频率暂时调到和待测电压频率成一定比值后,也会很快遭到破坏。为了消除这种现象,就必须使扫描电压的频率能随着待测电压的频率变化而变化,严格地保持"同步"(又称整步)。一般示波器都有"扫描整步电路",强迫扫描电压的振动频率和待测整步电压频率保持一整数倍的关系,以使荧光屏上的图形稳定。

3) 放大器和衰减器

两对偏转板需要加较高的电压才能发生可观察的偏转。若待测电压很小,需经过不失真的放大,再送至偏转板上。所以示波器内有两组放大器,分别叫垂直放大器和水平放大器,通过示波器面板上增幅旋钮的调节,可以改变放大倍数。

为了能控制输入放大器的电压大小,在示波器的两输入端还接有衰减器,衰减器实际上就是不连续调节的分压器。

4) 供电部分

示波器各部分需要各种交、直流电压,它们都是由 220 V 交流电压经变压器与整流装置来供电的。

2. 频率校准原理(李萨如图形)

如果示波器的 x 轴和 y 轴输入的都是频率相同或成简单整数比的两个正弦电压,则电子束将扫描出一个特殊的轨迹,屏幕上显示出的轨迹图形称为李萨如图形。图 8-4 所示为

$f_y : f_x = 2:1$的李萨如图形。

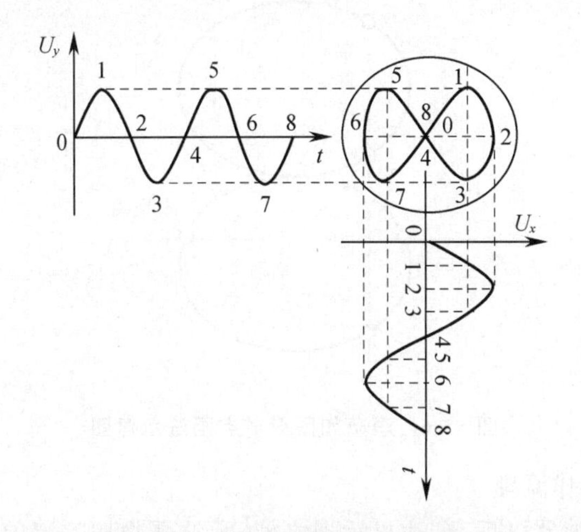

图 8-4　李萨如图形合成示意图

频率比不同的输入信号将形成不同的李萨如图形。图 8-5 所示的是频率比成简单整数比时的几组李萨如图形。频率比越大，图形越复杂。

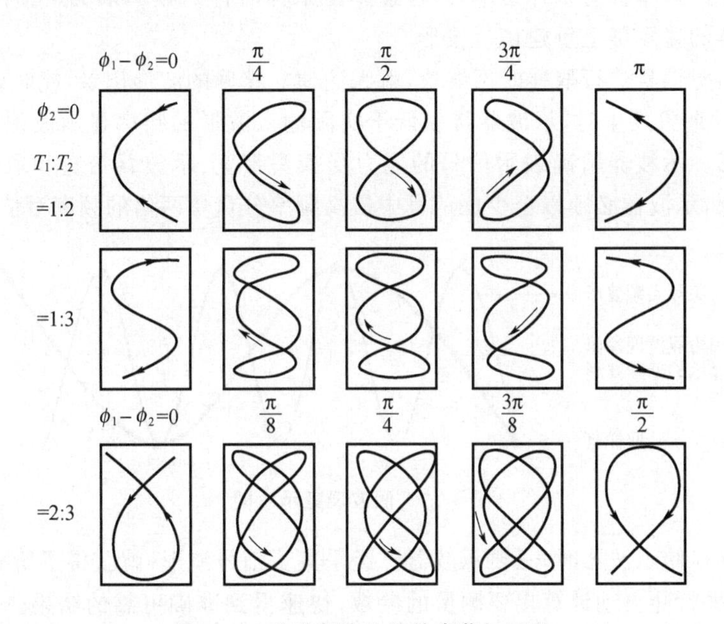

图 8-5　几种频率比值的李萨如图形

由李萨如图形确定频率比值的方法：在避开图形中曲线交点的地方，不做切线，任作垂直方向和水平方向上的两条轴线，数出水平线和垂直线分别与图形曲线的交点数 N_x 和 N_y，其比值与频率比的关系是：

$$\frac{f_y}{f_x}=\frac{N_x}{N_y} \tag{8-1}$$

若 f_x 和 f_y 中任意一个是已知的，则可用此法求出另一个未知信号的频率。如图 8-6 所示，$f_x/ f_y = 4/2 = 2$。

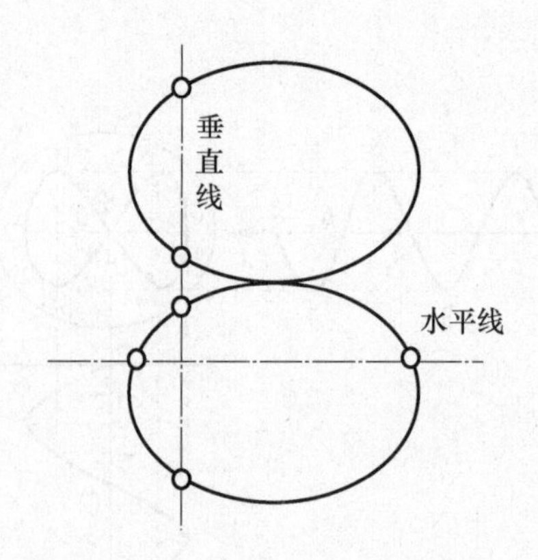

图 8-6　李萨如图形节点画法示意图

3. 数字示波器的工作原理

当信号进入数字示波器以后,到达显示器之前,示波器将按一定的时间间隔对信号电压进行采样,然后用一个模/数转换器(ADC)对这些瞬时值或采样值进行变换从而生成代表每一个采样电压的二进制数值,这个过程称为数字化。获得的二进制数值存储在存储器中。对输入信号进行采样的速率称为采样速率,采样速率由采样时钟的频率来决定。存储器中存储数据用来在示波器的显示屏上重建信号波形。

如果示波器对信号进行取样时不够快,就无法建立精确的波形记录,此时就会出现假波现象(图 8-7)。此现象发生时,示波器将以低于实际输入波形的频率显示波形,或者触发并显示不稳定的波形。示波器精确表示信号的能力受探头带宽、示波器带宽和取样速率的限制。要避免假波现象,示波器必须以至少比信号中最高频率分量快两倍的频率对信号进行采样。

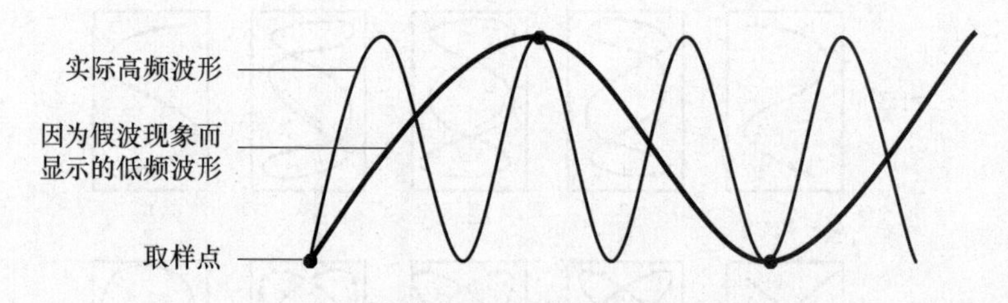

图 8-7　假波现象示意图

当使用数字存储示波器时,只要示波器已经采集了信号波形,就获得了所有的波形信息数据,根据这些数据就能自动计算出要测量的参数,快速得到准确可靠的结果。当然,数字存储示波器的设置情况对参数测量和结果会有影响。对于模拟示波器,我们只能进行手动测量,对于复杂波形,我们几乎不能进行精确测量。

带宽是示波器最重要的指标之一。模拟示波器的带宽是一个固定的值,而数字示波器的带宽有模拟带宽和数字实时带宽两种。数字示波器对重复信号采用顺序采样或随机采样技术,所能达到的最高带宽为示波器的数字实时带宽。数字实时带宽与最高数字化频率和波形重建技术因子 K 相关(数字实时带宽=最高数字化速率/K),一般并不作为一项指标直接给出。从两种带宽的定义可以看出,模拟带宽只适合重复周期信号的测量,而数字实时带宽则同时适合重复信号和单次信号的测量。厂家声称示波器的带宽能达到多少兆,实际上指的是模拟带宽，数字实时带宽是要低于这个值的。因此，在测量单次信号时，一定要参考数字示波器的数字实时带宽，否则会给测量带来意想不到的后果。

实验内容与测量

1. 校准信号参数测量

将 GOS－620 模拟示波器（见仪器介绍）提供的 1 000 Hz 方波校准信号作为实验信号接入 CH1，调节出合适的波形，完成表 8－1 的测量。

表 8－1　校准信号参数

被测量	H_{pp}/cm	S/(V·cm^{-1})	V_{pp}/V	L/cm	S_1/(s·cm^{-1})	T/s	f/Hz
测量值							

1）测量峰-峰电压 V_{pp}

$$V_{pp}=H_{pp}\times S \tag{8-2}$$

式中：V_{pp} 为信号电压的峰-峰值；H_{pp} 为由荧光屏上的坐标读出的相邻的波峰和波谷在 Y 轴方向的距离（单位：cm）；S 是 Y 轴灵敏度（单位：V/cm），也称偏转因数。

2）测量信号的周期和频率

信号周期的测量公式为：

$$T=L\times S_1 \tag{8-3}$$

式中：T 为信号的周期（单位：s）；L 为信号一个周期在荧光屏上 X 轴方向上的长度（单位：cm）；S_1 为扫描速率，单位有 s/cm，ms/cm 和 μs/cm。

信号频率的计算公式为：

$$f=1/T \tag{8-4}$$

2. 信号发生器频率测定

将 TFG1005 信号发生器（见仪器介绍）A 端输出的正弦波作为被测量的信号输入 CH1，选择显示模式为 CH1，完成表 8－2 的测量。

表 8－2　信号发生器频率测定

输出信号频率/Hz	扫描速率 S_1/(s·cm^{-1})	波长 L/cm	计算频率 f/Hz
100			
200			
500			
1000			
2000			
5000			
10K			
20K			
50K			
100K			

3. 观察李萨如图形并校准信号发生器输出的部分频率

将信号发生器的 A、B 两个输出端分别连接 CH1 和 CH2,调节示波器扫描速率旋钮,选择到“X - Y”挡位。此时 CH1 输入的信号为 X 轴信号,即 A 路输出的 50Hz 正弦波;CH2 输入的信号为 Y 轴信号,即 B 路输出的正弦波(频率参照表 8 - 3)。调节 CH1 和 CH2 的灵敏度,使示波器上的李萨如图形合适。微调信号发生器 B 路输出的信号频率,使示波器上的李萨如图形稳定(无法稳定则调节使图像变化最慢)。记下此时信号发生器 B 路输出信号的频率 f'_y,它与 f_y 的差即为校正值。请完成表 8 - 3 的测量。

表 8 - 3 示波器频率校正

$f_x = 50$ Hz

f_y/Hz	25	50	75	100	150	200
f_x/f_y	2/1	1/1	2/3	1/2	1/3	1/4
李萨如图形						
X 轴交点数 N_x						
Y 轴交点数 N_y						
信号发生器 B 路频率 f_y'/Hz						
校正值 $\Delta f = f_y' - f_y$/Hz						

数据处理

1. 计算表 8 - 1 中 V_{pp},T 和 f 的值。

2. 完成表 8 - 2 中各频率的计算。

3. 根据表 8 - 3,以 f_y 为横坐标,Δf 为纵坐标,在坐标纸上绘出信号发生器频率校正曲线。

讨论题

1. 用李萨如图形测频率实验时,屏幕上图形在时刻转动,为什么?

2. 如果示波器工作正常,但当 X、Y 轴均输入交流信号,观察李萨如图形时,发现荧光屏上只出现一条垂直亮线,为什么?应调哪几个旋钮消除这种现象?

结 论

通过对实验现象和实验结果的分析,你能得到什么结论?

仪器介绍

1. GOS - 620 模拟示波器简介(图 8 - 8)

2. TFG 1005 信号发生器简介(图 8 - 9)

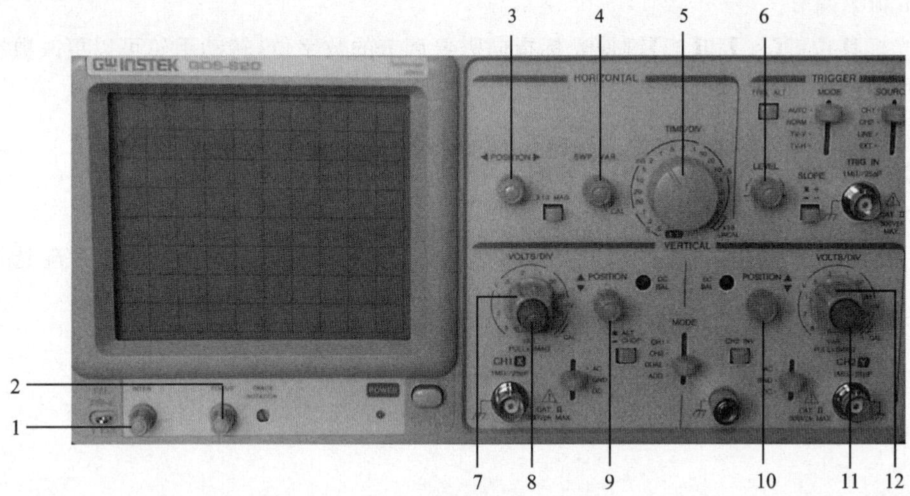

1—辉度旋钮，轨迹和光点亮度调节；2—聚焦旋钮，轨迹聚焦调整；3—水平位置旋钮，轨迹及光点水平位置调整；
4—扫描时间的可变控制旋钮，该键位于 CAL 位置时，指示数值被校准；
5—扫描速率旋钮，屏幕信号图像的宽度，可选择 X－Y 模式；
6—触发准位调整旋钮，旋转此钮以同步波形；
7—Y 轴灵敏度旋钮，调节 CH1 的输入信号衰减幅度；
8—CH1 灵敏度微调旋钮，在 CAL 位置时，即为档位显示值，拉出时，垂直放大器灵敏度增加 5 倍；
9—垂直位置旋钮，调整 CH1 的信号轨迹及光点的垂直位置；
10—垂直位置旋钮，调整 CH2 的信号轨迹及光点的垂直位置；
11—CH2 灵敏度微调旋钮，在 CAL 位置时，即为档位显示值，拉出时，垂直放大器灵敏度增加 5 倍；
12—Y 轴灵敏度旋钮，调节 CH2 的输入信号衰减幅度

图 8－8　GOS－620 模拟示波器面板

1—上档(Shift)键；2—通道选择键；3—光标移位键；4—手轮；5—输出通道 A 和 B

图 8－9　TFG1005 信号发生器面板

常用操作方法：

(1) 选择通道。

按下相应的通道选择键(【A 路】或【B 路】)，显示相应的信号通道。

(2) 频率调节。

按光标移位键【<】和【>】键使光标指向需要调节的数字位,转动手轮可以更改数字,并能连续进位或借位,由此可以任意粗调或细调频率。

(3) 频率设定。

按数字键输入所需的频率大小,再输入单位,Hz 单位在【B 路】键上。

(4) 波形设定。

按下上挡(Shift)键,再选择 0~3 键,选择相应的波形;或者选择 4 键,通过手轮选择波形。

实验9

声速的测量

声波是一种在弹性媒质中传播的纵波。对超声波(频率介于 2×10^4 Hz 和 2×10^9 Hz 的机械波)传播速度的测量在超声波测距、测量气体温度瞬间变化等方面具有重大意义。超声波在媒质中的传播速度与媒质的特性及状态因素有关,因而通过媒质中声速的测定,可以了解媒质的特性或状态变化。例如:测量氯气(气体)、蔗糖(溶液)的浓度、氯丁橡胶乳液的密度以及输油管中不同油品的分界面等,这些问题都可以通过测定这些物质中的声速来解决。可见,声速测定在工业生产上具有一定的实用意义。

实验目的

1. 了解声速测量的基本原理。
2. 熟悉数字示波器的使用方法。
3. 学会用驻波法和行波法测量声波在空气中的传播速度。
4. 掌握用逐差法处理数据。

实验仪器

SV-DH-7 声速测定仪。

GDS-2102A 数字示波器。

TFG1005 函数信号发生器。

导线等。

实验原理

由波动理论得知,声波的速度 v 与声波频率 f、波长 λ 之间的关系为 $v=f\times\lambda$。所以只要测出声波的频率和波长,就可以求出声速。其中声波频率可由控制声波频率的信号发生器测出,波长则可用驻波法或行波法进行测量。

1. 超声波产生和接收的原理

本实验采用压电陶瓷换能器来实现声压和电压之间的转换,从而实现对超声波在空气中的传播速度这一非电学量的电测。它主要由压电陶瓷环片、轻金属铅(做成喇叭形状,增加辐射面积)和重金属(如铁)组成。压电陶瓷片由多晶体结构的压电材料锆钛酸铅制成。在压电陶瓷片的两个底面加上正弦交变电压,利用压电材料的逆压电效应,它就会按正弦规律发生纵向伸缩,从而发出超声波。同样压电陶瓷片可以在声压的作用下,利用压电材料的压电效应把声波信号转化为电信号,压电陶瓷换能器在转化过程中信号频率保持不变。

2. 声速测量原理

1) 驻波法(共振干涉法)

实验装置如图 9-1 所示,由发射端 S_1 发出的声波传播到接收端 S_2,S_2 在接收声波信号的同时也会反射部分声波信号。如果接收面(S_2)与发射面(S_1)严格平行,入射波会在接收面上垂直反射,然后波将在两个端面间来回反射并且叠加。改变接收器与发射源之间的距离 x,在一系列特定的距离上,空气中会出现稳定的驻波共振现象。

设前进波为:

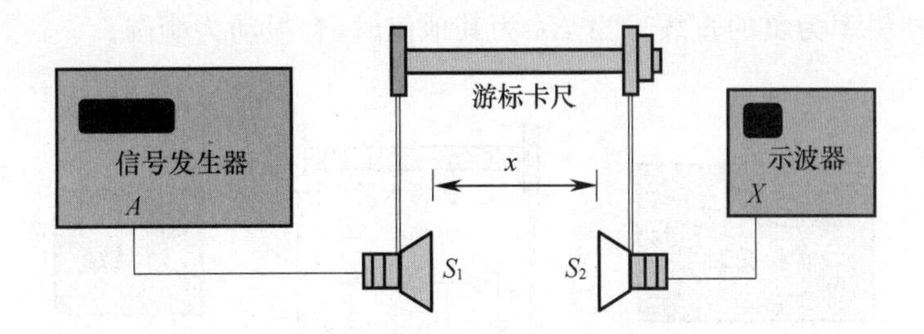

图 9-1　驻波法测量声速实验装置示意图

$$y_1 = A\cos\left(\omega t - \frac{2\pi}{\lambda}x\right) \tag{9-1}$$

式中：A 为波幅；ω 为圆频率；λ 为波长。

设反射波为：

$$y_2 = A\cos\left(\omega t + \frac{2\pi}{\lambda}x\right) \tag{9-2}$$

则合成波为：

$$y = y_1 + y_2 = 2A\cos\left(\frac{2\pi}{\lambda}x\right)\cos\omega t \tag{9-3}$$

合成波的振动最大值位置，即波腹的位置为 $\left|\cos\left(\frac{2\pi}{\lambda}x\right)\right| = 1$ 的各点，即：

$$x = \pm k\frac{\lambda}{2}(k = 0, 1, 2, \cdots) \tag{9-4}$$

此时 x 等于半个波长的整数倍，驻波的幅度达到极大；同时，在接收面上的声压波腹也相应地达到极大值。通过压电转换，示波器显示波形的幅值最大。因此，若保持频率不变，通过移动接收端 S_2，测量相邻两次示波器信号达到极大值时 S_2 的移动距离 Δx，即可得到该声波的波长 $\lambda(\lambda = 2\Delta x)$，再用 $v = f \times \lambda$ 即可计算出声速。

2）行波法（相位比较法或李萨如图形法）

声源 S_1 发出声波后，在其周围形成声场，声场在介质中任一点的振动相位是随时间而变化的，但它和声源振动的位相差 $\Delta\phi$ 不随时间变化。

设声源 S_1 的振动为：

$$y_1 = y_0\cos(2\pi ft + \phi) \tag{9-5}$$

式中：y_0 为振幅；f 为振动频率；ϕ 为初相位。

距声源 x 处的 S_2 接收到的振动为：

$$y = y_0\cos\left[2\pi f\left(t - \frac{x}{v}\right) + \phi\right] \tag{9-6}$$

式中：v 为波速；S_1 和 S_2 两处振动的位相差为：

$$\Delta\phi = \frac{2\pi fx}{v} = \frac{2\pi x}{\lambda} \tag{9-7}$$

因此可知 $\Delta\phi$ 不随时间变化，只随 x 的变化而变化。

若把 S_1 和 S_2 两处振动分别输入到示波器 x 轴和 y 轴（图 9-2），根据李萨如图形的知识，当 $\Delta\phi = 2n\pi$，即 $x = n\lambda$ 时，合振动为一斜率为正的直线；当 $\Delta\phi = (2n+1)\pi$，即 $x = (2n+1)$

$\frac{\lambda}{2}$时,合振动为一斜率为负的直线。当 $\Delta\phi$ 为其他值时,合振动为椭圆。

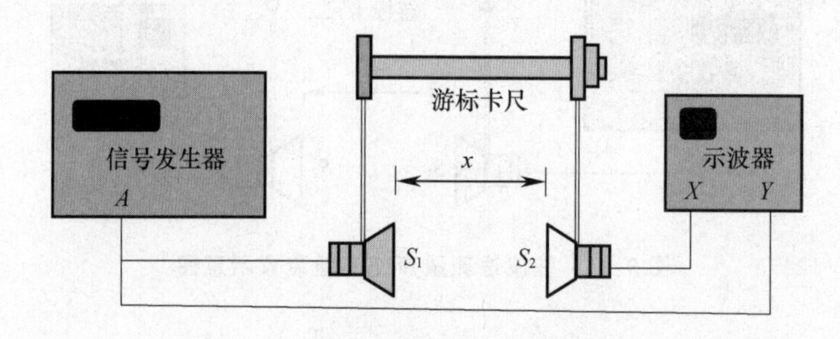

图 9-2 行波法测量声速实验装置示意图

移动接收端 S_2,当李萨如图形为斜率正、负的直线更替变化一次时,S_2 移动的距离为:

$$\Delta x=(2n+1)\frac{\lambda}{2}-n\lambda=\frac{\lambda}{2} \tag{9-8}$$

则 $\lambda=2\Delta x$。

实验内容与测量

声速的理论值计算公式为:

$$C_{理}=C_0(1+0.00183t) \tag{9-9}$$

式中:C_0 为 0℃时的声速,理论值 $C_0=331.3\text{m/s}$;t 为环境温度,单位是℃。

1. 驻波法测声速

(1) 按图 9-1 连线,记录室温 t(℃)到表 9-1 内。

(2) 调节接收器和发射器之间的距离为 80 mm。

(3) 调节 GDS-2012A 数字示波器(见仪器介绍):

① 按面板上的 Autoset 键,自动设置示波器。

② 调节扫描速率(TIME/DIV)为 10 μs/cm,调节 CH1 的 Y 轴灵敏度(VOLTS/DIV)为 5mV/cm。系统默认自动电平。

(4) 调节 TFG1005 信号发生器(见仪器介绍):

① A 路频率输出 39 kHz 的正弦波。

② 微调 A 路信号发生器频率的十位,使示波器上出现正弦波形;微调个位使正弦波形波幅达到最大,记下此时 A 路信号发生器的频率值到表 9-1 内,即为声速测定仪的工作频率。

(5) 测量:

① 调节 S_1 和 S_2 之间的距离为 80 mm,转动鼓轮,增大接收器 S_2 和发射器 S_1 之间的距离,观察波形的变化。当波幅最大时,记下接收器 S_2 对应的位置 x_1 的坐标,然后同向转动鼓轮,以同样的方式依次测出相邻的波幅最大时的 S_2 位置 x_1、x_2、x_3 和 x_4 记录在表 9-1 内。

② 将 S_1 和 S_2 之间的距离重新调为 80 mm,重复以上步骤,共测量 5 次。将数据记录在表 9-1 内。

注意:每次测量的初始坐标必须在相同的位置,测量时鼓轮必须同方向旋转。

表 9 - 1　驻波法声速测量记录表格

温度 t = ________℃　　　　工作频率 f = ________ Hz

位置 次数	x_1/mm	x_2/mm	x_3/mm	x_4/mm
1				
2				
3				
4				
5				
平均值 x_i				

2. 行波法测声速

(1) 按图 9 - 2 连线，记录室温 t(℃)到表 9 - 2 内。

(2) 调节接收器和发射器之间的距离为 100 mm，调节信号发生器的频率与驻波法测量时的输出频率相同。

(3) 调节 GDS - 2012A 数字示波器：

① 选择双路通道显示(点亮 CH1 和 CH2)。

② 调节扫描速率(TIME/DIV)为 10 μs/cm，CH1 轴灵敏度(VOLTS/DIV)为 5mV/cm，CH2 轴灵敏度为 200 mV/cm，示波器工作方式选择为“X - Y”模式(Acquire - XY -被触发 XY)，则屏幕上出现李萨如图形。

(4) 测量：

① 调节 S_1 和 S_2 之间的距离为 100 mm；转动声速测定仪鼓轮，增大接收器 S_2 和发射器 S_1 之间的距离，观察李萨如图形的变化。当图形变成直线时，记录下接收器 S_2 对应位置 x_1 坐标，然后同向转动鼓轮，当图形再次变成直线(斜率改变)时，记下对应的位置 x_2 的坐标，以同样的方式依次测出 x_3 和 x_4 记在表 9 - 2 内。

② 将 S_1 和 S_2 之间的距离重新调为 100 mm，重复以上步骤，共测量 5 次。将数据记录在表 9 - 2 内。

注意：每次测量的初始坐标必须在相同的位置，测量时鼓轮必须同方向旋转。

表 9 - 2　行波法声速测量记录表格

温度 t = ________℃　　　　工作频率 f = ________ Hz

位置 次数	x_1/mm	x_2/mm	x_3/mm	x_4/mm
1				
2				
3				
4				
5				
平均值 x_i				

数据处理

1. 计算声速的理论值。$c_{理}=331.3\times(1+0.00183t)=$ ________ m/s

2. 驻波法数据处理。

(1) 用逐差法求波长。将4个相邻的波节位置 x_1,x_2,x_3,x_4 的平均值代入逐差法公式中,$\lambda=\dfrac{[(\overline{x}_4-\overline{x}_2)+(\overline{x}_3-\overline{x}_1)]}{2}$,求出 λ 的最佳值。

(2) 由公式计算出声速。

$$c=f\times\lambda=\underline{\qquad\qquad}\ \mathrm{m/s}$$

(3) 误差计算。

由 $U_f=\Delta f_{仪}=0.04\,\mathrm{Hz}$,$U_\lambda=\Delta\lambda_{仪}=4\times10^{-6}\,\mathrm{m}$ 可得:

$$\frac{U_c}{c}=\sqrt{\left(\frac{U_f}{f}\right)^2+\left(\frac{U_\lambda}{\lambda}\right)^2}=\underline{\qquad\qquad}$$

$$U_c=c\cdot\frac{U_c}{c}=\underline{\qquad\qquad}\ \mathrm{m/s}$$

$$c\pm U_c=\underline{\qquad\qquad}\pm\underline{\qquad\qquad}\ \mathrm{m/s}$$

$$E=\frac{|c-c_{理}|}{c_{理}}\times100\%=\underline{\qquad\qquad}$$

3. 行波法数据处理同驻波法。

讨论题

1. 测量波节位置时必须同方向连续测量,为什么?
2. 比较驻波法和行波法之间的不同。

结 论

通过对实验现象和实验结果的分析,你能得到什么结论?

仪器介绍

GDS-2102A 数字示波器简介(图9-3、图9-4)

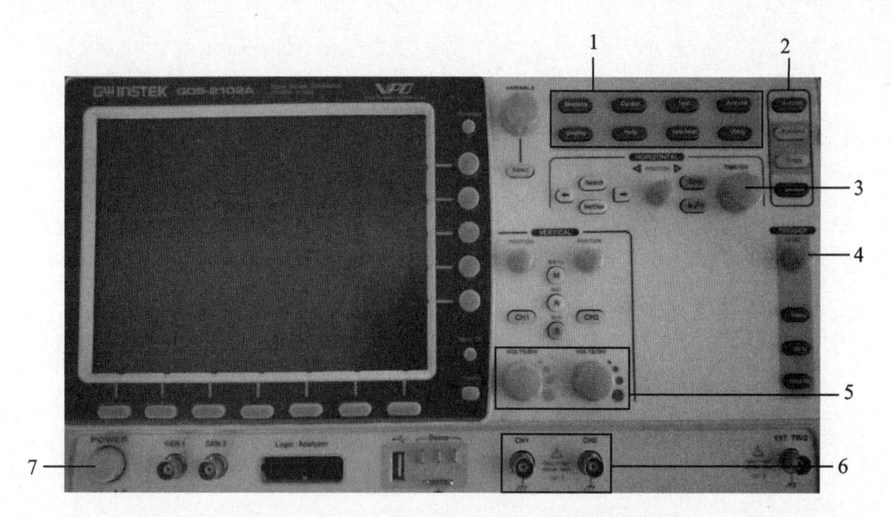

1—主功能键；2—辅助功能键；3—扫描速率旋钮；4—触发电平旋钮；5—垂直灵敏度旋钮；6—通道接入口；7—电源开关

图9-3　GDS-2102A数字示波器面板图

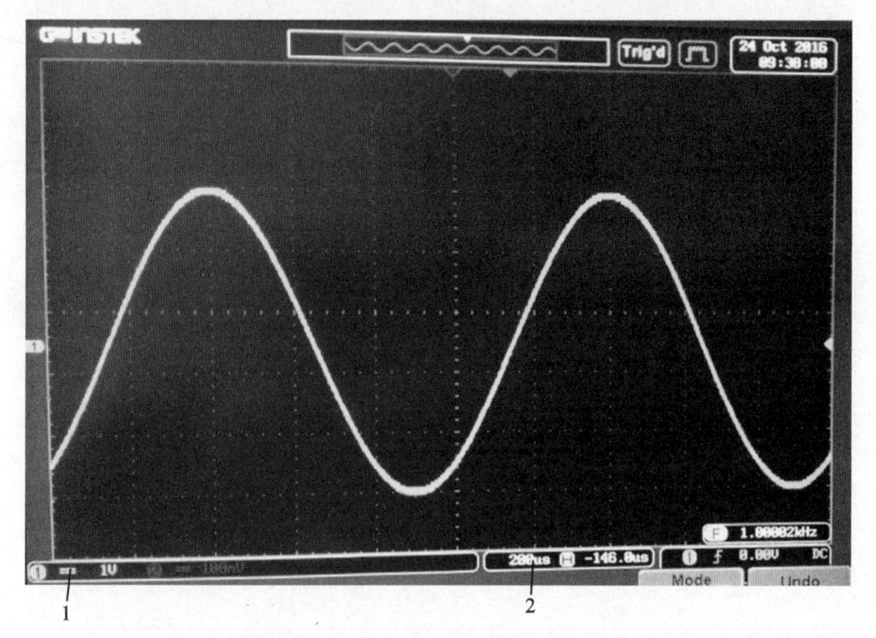

1—CH1和CH2的垂直灵敏度，表示在图上Y轴坐标每格所代表的电压大小；

2—扫描速率，表示在图上X轴坐标每格所代表的电子扫描时间大小

图9-4　GDS-2102A数字示波器显示屏幕

实验10

动态磁滞回线实验

磁滞回线是磁场强度周期性变化时,强磁性物质磁滞现象的闭合磁化曲线。它表明了强磁性物质反复磁化过程中磁感应强度 B 与磁场强度 H 之间的关系。磁滞回线和磁化曲线是铁磁材料的重要特性,也是磁性部件材料选择和设计的重要依据。硬磁材料是指磁化后不易退磁而能长期保留磁性的一种铁氧体材料,也称为永磁材料或恒磁材料,其特点是磁滞回线宽,剩磁和矫顽磁力较大。软磁材料具有低矫顽力和高磁导率的磁性材料。软磁材料易于磁化,也易于退磁,广泛用于电工设备和电子设备中。本实验将利用示波器对铁磁材料的动态磁滞回线进行观察和测量。

实验目的

1. 认识铁磁物质的磁化规律,比较两种典型的铁磁物质的动态磁化特性。
2. 测定样品的基本磁化曲线,作 $\mu-H$ 曲线。
3. 测定样品的 H_D、B_r、B_S 和($H_m \cdot B_m$)参数。
4. 测绘样品的磁滞回线,估算其磁滞损耗。

实验仪器

ZKY-4310 动态磁滞回线实验仪(图 10-1),数字万用表,示波器。

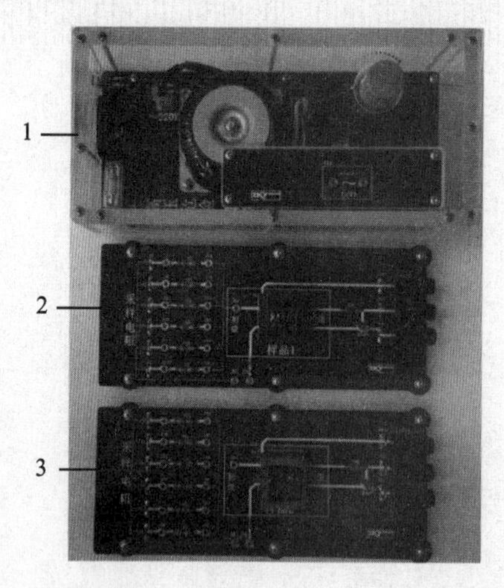

1—交流电压源;2—测试板 1 面板;3—测试板 2 面板

图 10-1 ZKY-4310 动态磁滞回线实验仪

1. 交流电压源

交流电压源如图 10-2 所示,左端是 220 V 交流输入,1 为调节输出交流信号的大小旋钮,有效值 $U_{rms} \leqslant 4$ V,2 为交流输出接口。

2. 测试板 1

测试板 1 如图 10-3 所示。采样电阻为 6 个 1 Ω 的电阻,可通过串并联得到目标阻值。样品 1 为硬磁材料,其特点是剩磁及矫顽力大。

3. 测试板 2

测试板 2 如图 10-4 所示。采样电阻为 6 个 1 Ω 的电阻,可通过串并联得到目标阻值。

样品 2 为软磁材料，其特点是低矫顽力和高磁导率。

图 10－2　交流电压源

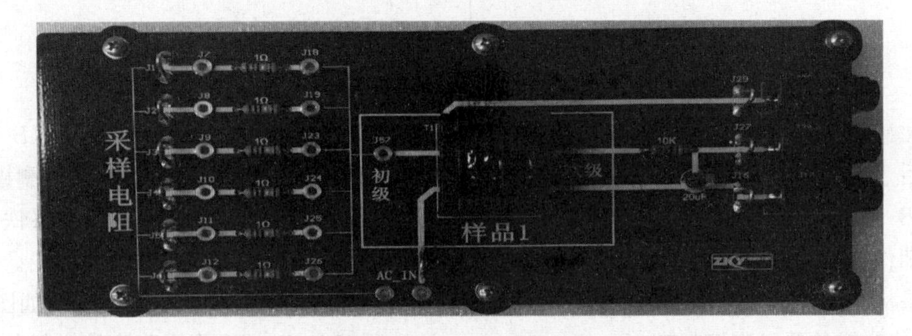

图 10－3　测试板 1 面板

图 10－4　测试板 2 面板

实验原理

1. 铁磁材料的磁滞现象

将铁磁材料置于磁场中时，材料将被磁化。如图 10－5 所示，磁化开始时，磁感应强度 B 随磁场强度 H 的增加而增加，即曲线 Oa 段，称为起始磁化曲线。当 H 增加到一定值后，B 的增加趋于缓慢，逐渐达到饱和。此时如果将 H 由 H_m 变到 $-H_m$，再由 $-H_m$ 变到 H_m，B 将随 H 的变化而变化，形成一条闭合曲线(即 $a \to b \to c \to d \to e \to f \to a$)，这就是该铁磁材料的一条磁滞回线。

铁磁材料被磁化后，当外磁场强度 H 减为 0 后，铁磁材料还保留磁感应强度，称其为铁磁材料的剩磁，只有消除剩磁，我们在测量基本磁化曲线时较小的磁场强度 H 的电压 U 对应的

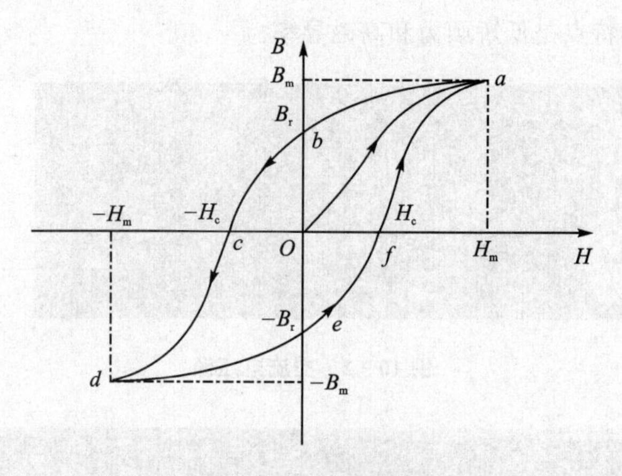

图 10-5　磁滞回线

样品的磁感应强度 B 才是正确的，才能显示正确的图形。从图 10-5 中可以看出，B 的变化总是落后于 H 的变化，当 $H=0$ 时，B 不为零，大小为 B_r，这个量就是铁磁材料的“剩磁”。如果想使 B 变为零，则必须加一反向磁场 H_C，H_C 即为铁磁材料的“矫顽力”。如果将铁磁材料置于周期性变化的磁场中，它将被反复磁化，由此得到的磁滞回线称为动态磁滞回线。

如果从小到大选取不同的磁场强度 H_m，则可得到一系列从小到大的磁滞回线。如图 10-6 所示，这些曲线的顶点连接起来($O \to a_1 \to a_2 \to a_3 \to a$)，得到的 $B-H$ 曲线称为铁磁材料的基本磁化曲线。通常该曲线与其起始磁化曲线并不一定完全重合。

软磁材料的另一个重要磁性参数是铁芯损耗 W。所谓铁芯损耗是指单位体积软磁材料交流磁化一周损耗的能量，即

$$W=\oint H\,\mathrm{d}B \tag{10-1}$$

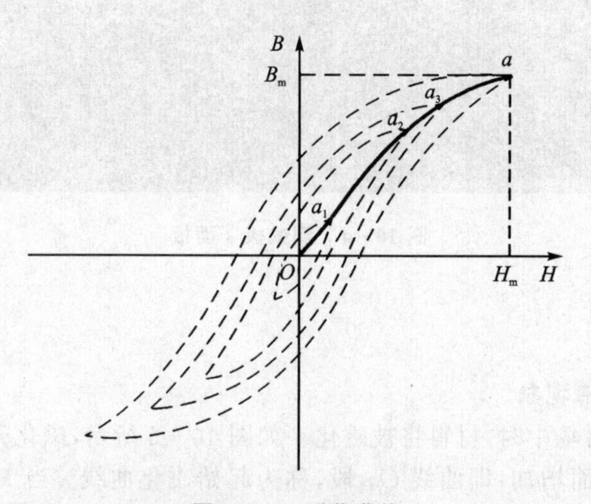

图 10-6　磁化曲线

铁磁材料在磁化过程中有剩磁存在，表明磁化过程的不可逆性。对于已经磁化了的铁磁材料，简单地加个反向磁场，并不能使之退磁。如需退磁，可将其置于线圈中，首先在线圈中通以大电流，使磁铁达到磁饱和状态。然后，边改变电流方向边减小电流，直至电流减为零。在

这个操作过程中，可检测出一连串逐渐缩小的、最终趋向原点的不封闭曲线(图 10-7)，就达到了退磁的目的。用交流电退磁时，因电流方向自动改变，故只需逐渐减小电流值即可。

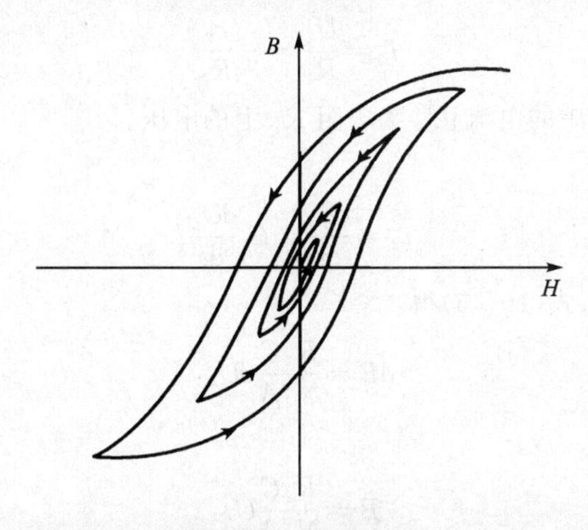

图 10-7　退磁过程

2. 示波器显示动态磁滞回线的原理

图 10-8 为示波器描绘磁滞回线的原理电路图。当绕在环形铁芯的初级线圈 N_1 通过交变电流 i_1 时，根据安培环路定理，在环形铁芯内产生的磁场强度 H 为

$$H=\frac{N_1}{L}i_1 \tag{10-2}$$

由法拉第电磁感应定律得，在次级线圈 N_2 中产生的交变电动势 e_2 为

$$e_2=-N_2\frac{\mathrm{d}\Phi}{\mathrm{d}t}=-N_2A\frac{\mathrm{d}B}{\mathrm{d}t} \tag{10-3}$$

式中：N_1 为初级线圈的匝数；L 为环形铁芯的平均磁路长度；N_2 为次级线圈的匝数；A 为环形铁芯的截面积。

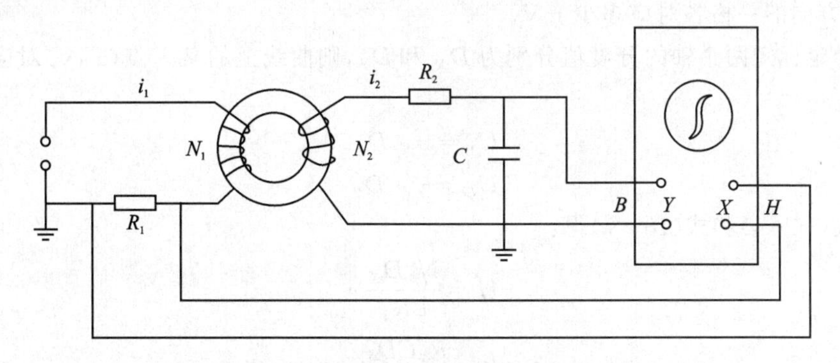

图 10-8　示波器显示磁滞回线原理电路图

与初级线圈串联的电阻 R_1 为取样电阻，它的阻值远小于线圈 N_1 的感抗。将 R_1 上的电压 U_1 接到示波器的 X 输入点，则

$$H=\frac{N_1}{L}\times\frac{U_1}{R_1} \tag{10-4}$$

由于 N_1R_1 皆为已知量，所以输入到示波器 X 端的电压 U_1 就与磁场强度 H 的大小成正比。

在次级线圈 N_2 一端串联电阻 R_2 和电容 C，令电阻 R_2 的阻值远大于电容 C 的容抗，且 R_2C 串联电路的时间常数远大于交流电的周期，则可认为

$$i_2=\frac{U_2}{R_2}=-\frac{e_2}{R_2} \tag{10-5}$$

式中：i_2 为次级线圈回路中的电流；U_2 为电阻 R_2 上的电压。

而

$$i_2=\frac{dq_2}{dt}=C\frac{dU_C}{dt} \tag{10-6}$$

由式(10-3)、式(10-4)、式(10-5)得：

$$dB=\frac{R_2C}{N_2A}dU_C$$

故

$$B=\frac{R_2C}{N_2A}U_C \tag{10-7}$$

由于 R_2、C、N_2、A 皆为已知量，所以输入到示波器 Y 端的电压 U_C 正比于铁芯中的磁感应强度 B。

综上所述，按照图10-8连接电路，并将 U_1 和 U_C 分别接入示波器的 X 输入端和 Y 输入端，由于输入的是交流电，对于每一个输入电压，示波器屏上都会显示一条稳定的磁滞回线。为了避免波形畸变，应使 R_2C 串联电路的时间常数远大于所加交流电的周期。

在观察中，实际看到的磁滞回线有时会与理论曲线有些差异，这主要是由于电容 C 的容抗很小，电压 U_C 信号幅度也很小，必须经过放大器的放大才可在屏上显示出波形，而在放大过程中往往会产生一定的相位畸变和频率畸变。通过适当地选择 R_2 的阻值，可以使图形得到改善。

为了定量地画出磁滞回线，首先需对示波器荧光屏上的刻度线进行定标，即先确认示波器上 X 和 Y 方向的一格各对应多少 mV。

假设经定标知两个轴的分度值分别为 D_X 和 D_Y，则曲线上的某一点 (x,y) 对应的物理参量为

$$U_1=x\cdot D_X$$
$$U_C=y\cdot D_Y$$

分别代入式(10-4)和式(10-7)得：

$$H=\frac{N_1D_X}{LR_1}x \tag{10-8}$$

$$B=\frac{R_2CD_Y}{N_2A}y \tag{10-9}$$

根据上面两个公式，计算出各点的 H 和 B 值，就可绘出磁滞回线。

实验内容与步骤

1. 观察铁磁材料的磁滞回线

按图10-8连接电路图，用数字万用表交流电压20 V档实时测量并显示交流电压源输出

大小。打开示波器电源，选择 $X-Y$ 模式，将示波器光点调至屏幕中央，将交流电压源电压 U 从最小调至最大，观察示波器上显示的磁滞回线。如果曲线显示在第二、四象限，可将 Y 轴输入的两端对调，使磁滞回线倾向于第一、三象限。调节示波器两个轴的灵敏度，使磁滞回线大小适中，如图 10-9 所示。

令交流电压源 $U_{rms}=2.2$ V，采样电阻 $R_1=3.0\ \Omega$，记录样品 1 的磁滞回线（图 10-10）。

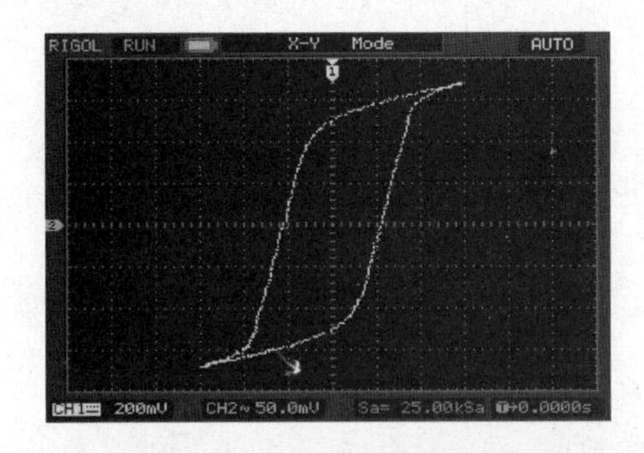

图 10-9　示波器显示示例

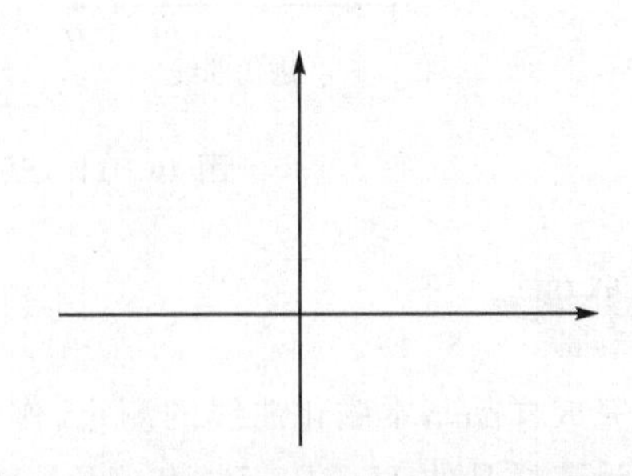

图 10-10　样品 1 磁滞回线记录

2. 测绘基本磁化曲线，作 $\mu-H$ 关系曲线

令采样电阻 $R_1=3.0\ \Omega$，从零开始，由小到大调节初级回路中的交流电压源直至饱和状态，得到一系列曲线，分别测出曲线在第一象限顶点的坐标，将其转换成对应的最大磁场强度 H_m 和磁感应强度 B_m，画出该材料的基本磁化曲线和 $\mu-H$ 关系曲线（图 10-11），并将数据记录在表 10-1 中。

表 10-1　磁场强度 H、磁感应强度 B 和磁导率 μ 数据记录表

U/V	$H/(10^4\ \text{A/m})$	$B/(10^2\ \text{T})$	$\mu=B/H/(\text{H}\cdot\text{m}^{-1})$
0			
0.5			
0.9			
1.2			
1.5			
1.8			
2.1			
2.4			
2.7			
3.0			
3.5			

3. 测绘样品的磁滞回线，计算样品的 H_C、B_r、B_m 和（$H_m\cdot B_m$）参数，估算其磁滞损耗。

调节电阻 R_1、示波器的灵敏度及所加电压，以获得较大的、畸变又小的饱和磁滞回线，测出波形上多点（必须包含 $\pm B_r$、$\pm B_m$、$\pm H_c$ 和 $\pm H_m$）坐标，确定示波器上的分度值，计算出各点的 H 和 B 值，在坐标纸上画出该铁磁材料的磁滞回线，计算该铁磁材料的磁滞损耗。

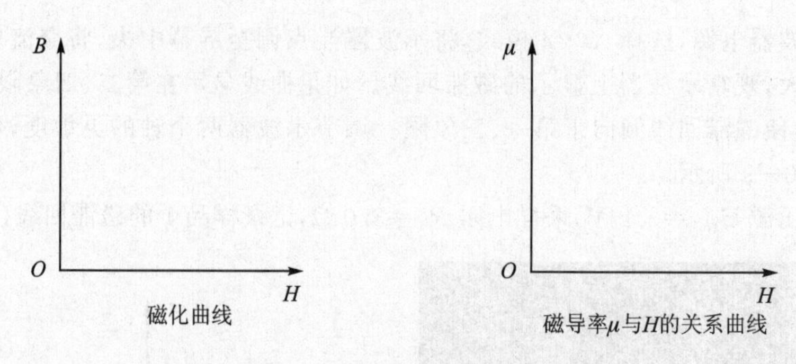

图 10-11　基本磁化曲线与 $\mu-H$ 曲线

数据处理

1. 完成样品基本磁化曲线的测定,作 $\mu-H$ 曲线。
2. 计算样品的 H_D、B_r、B_S 和($H_m \cdot B_m$)参数。
3. 测绘样品的磁滞回线,估算其磁滞损耗。

讨论题

1. 在测绘磁滞回线和基本磁化曲线时,为什么要先退磁?如何进行退磁?如果不退磁对测绘结果有什么影响?

2. 测绘磁滞回线测试频率变小或变大,磁化曲线会有什么变化?

结　论

写出通过对实验的分析,你得出什么结论?

实验11
霍耳效应

置于磁场中的载流体,如果电流方向与磁场方向垂直,则在与电流和磁场方向均垂直的方向上产生一附加的电场,这个现象是霍普斯金大学研究生霍耳于1879年发现的,后被称为霍耳效应。如今,霍耳效应不但是测定半导体材料电学参数的主要手段,而且利用该效应的霍耳器件已广泛用于非电量测量、自动控制和信息处理等方面。在工业生产要求自动检测和控制的今天,作为敏感元件之一的霍耳器件,将有更广阔的应用前景,了解这一具有实用性的实验,对日后的工作将带来好处。

实验目的

1. 了解霍耳效应的实验原理。
2. 学习用“对称测量法”消除副效应的影响。
3. 测量并绘制试样的$V_H - I_S$和$V_H - I_M$曲线。
4. 确定试样的导电类型,计算载流子浓度以及迁移率。

实验仪器

QS-H型霍耳效应实验组合仪、半导体(硅)样品、导线等。

实验原理

霍耳效应从本质上讲是运动的带电粒子在磁场中受洛伦兹力作用而引起的偏转。当带电粒子(电子或空穴)被约束在固体材料中,这种偏转就导致在垂直电流和磁场的方向上产生正负电荷的聚积,从而形成附加的横向电场,对于图11-1(a)所示的N型半导体试样,若在X轴方向通以电流I_S,在Z轴方向加磁场B,试样中载流子将受洛伦兹力:

$$F = qvB \tag{11-1}$$

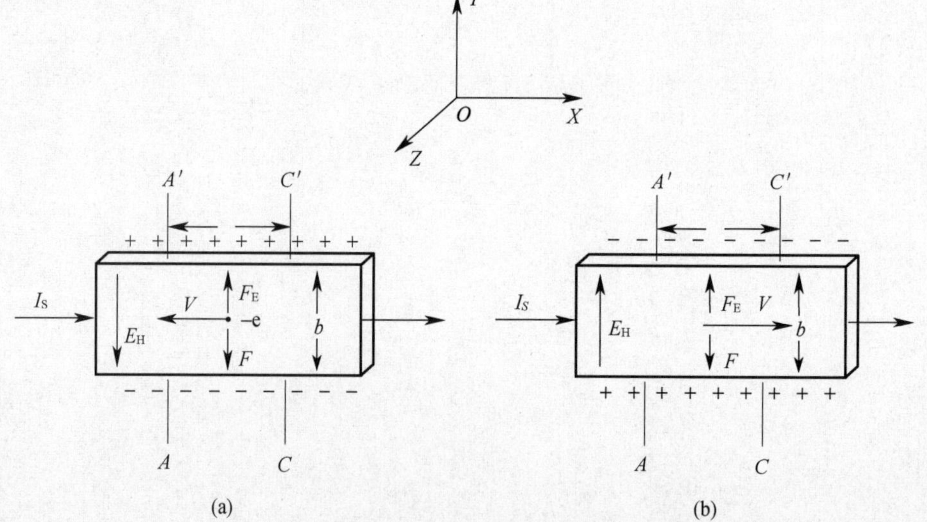

图11-1 霍耳效应样品及霍耳效应原理示意图

则在 Y 轴方向，即试样 A、A' 电极两侧就开始聚积异号电荷而产生相应的附加电场，即霍耳电场 E_H。电场的指向取决于试样的导电类型。对 N 型试样，霍耳电场逆 Y 轴正方向，P 型试样则沿 Y 轴正方向，有：

$$I_S(X)、B(Z) \qquad E_H(Y) < 0 \qquad (\text{N 型})$$

$$E_H(Y) > 0 \qquad (\text{P 型})$$

相应的电压 V_H 称为霍耳电压。当载流子所受的电场力与洛伦兹力相等时，样品两侧电荷积累达到动态平衡，此时：

$$qE_H = Bqv \tag{11-2}$$

当霍耳片宽度为 b，厚度为 d，载流子浓度为 n，则：

$$I_S = nqvbd \tag{11-3}$$

由式(11-2)、式(11-3)两式可得：

$$V_H = E_H b = \frac{1}{nq}\frac{I_S B}{d} = R_H \frac{I_S B}{d} \tag{11-4}$$

即霍耳电压 V_H（A、A' 电极之间的电压）与 I_S、B 成正比，与试样厚度 d 成反比。比例系数 $R_H = \frac{1}{nq}$ 称为霍耳系数，它是反映材料霍耳效应强弱的重要参数。对于厚度一定的霍耳器件，常采用 $K_H = \frac{1}{nqd}$ 表示器件的灵敏度，称为霍耳灵敏度。

根据 R_H 可进一步确定以下参数：

(1) 由 R_H 的符号（或霍耳电压的正、负）判断样品的导电类型。

半导体材料有 N 型（电子型）和 P 型（空穴型）两种，前者的多数载流子为电子（带负电），后者多数载流子为空穴（相当于带正电的粒子）。判断的方法是按图 11-1 所示的 I_S 和 B 的方向，若测得的 $V_H < 0$（即点 A 的电位低于 A' 点的电位）则 R_H 为负，样品属 N 型，反之则为 P 型。

(2) 由 R_H 求载流子浓度 n。

假设只有一种载流子导电，且所有载流子具有相同的漂移速度，载流子浓度 n 为：

$$n = \frac{1}{|R_H| q} \tag{11-5}$$

若考虑载流子的速度统计分布，需引入 $3\pi/8$ 的修正因子（可参阅黄昆、谢希德著半导体物理学）。

(3) 结合电导率的测量，求载流子的迁移率 μ。

电导率 σ 可以通过图 11-1 所示的 A、C 电极间进行测量，设 A、C 间的距离为 L，样品的横截面积为 $S = b \cdot d$，流经样品的电流为 I_S，在零磁场下，若测得 A、C 间的电位差为 V_σ（V_{AC}），可由下式求得：

$$\sigma = \frac{I_S L}{V_\sigma S} = \frac{I_S L}{V_\sigma bd} \tag{11-6}$$

电导率 σ 与载流子浓度 n 以及迁移率 μ 之间有如下关系：

$$\mu = \frac{\sigma}{nq} = |R_H| \sigma \tag{11-7}$$

根据上述可知，要得到大的霍耳电压，关键是要选择霍耳系数大（即迁移率 μ 高、电阻率 ρ

亦较高)的材料。因$|R_H|=\mu\rho$，就金属导体而言，μ和ρ均很低，而不良导体ρ虽高，但μ极小，因而上述两种材料的霍耳系数都很小，不能用来制造霍耳器件；半导体μ高，ρ适中，是制造霍耳器件较理想的材料。由于电子的迁移率比空穴的迁移率大，所以霍耳器件都采用N型材料。其次，霍耳电压的大小与材料的厚度成反比，因此薄膜型霍耳器件的输出电压较片状要高得多。

在产生霍耳效应的同时，因伴随着多种副效应，导致实验测得的A、A'两电极之间的电压并不等于真实的V_H值，而是包含各种副效应引起的附加电压，因此必须设法消除。根据副效应产生的机理可知，采用电流和磁场换向的对称测量法，基本上能把副效应的影响从测量的结果中消除，具体做法是：在设定电流和磁场的正、反方向后，使I_S和B(即I_M)的大小不变，依次改变它们的方向分别测量，由下列四组不同方向的I_S和B组合，可测得A、A'的两点之间的电压分别为V_1、V_2、V_3和V_4，即：

$$\begin{array}{lll} +I_S & +B & V_1 \\ +I_S & -B & V_2 \\ -I_S & -B & V_3 \\ -I_S & +B & V_4 \end{array}$$

然后求上述四组数据V_1、V_2、V_3和V_4的代数平均值，可得：

$$V_H=\frac{V_1-V_2+V_3-V_4}{4} \tag{11-8}$$

实验内容与测量

按图11-2连接测试仪和实验仪之间相应的I_S、V_H和I_M各组连线，I_S及I_M换向开关投向上方，表明I_S及I_M均为正值(即I_S沿X轴正方向，B沿Z轴正方向)，反之为负值。V_H、V_σ切换开关投向上方测V_H，投向下方测V_σ。

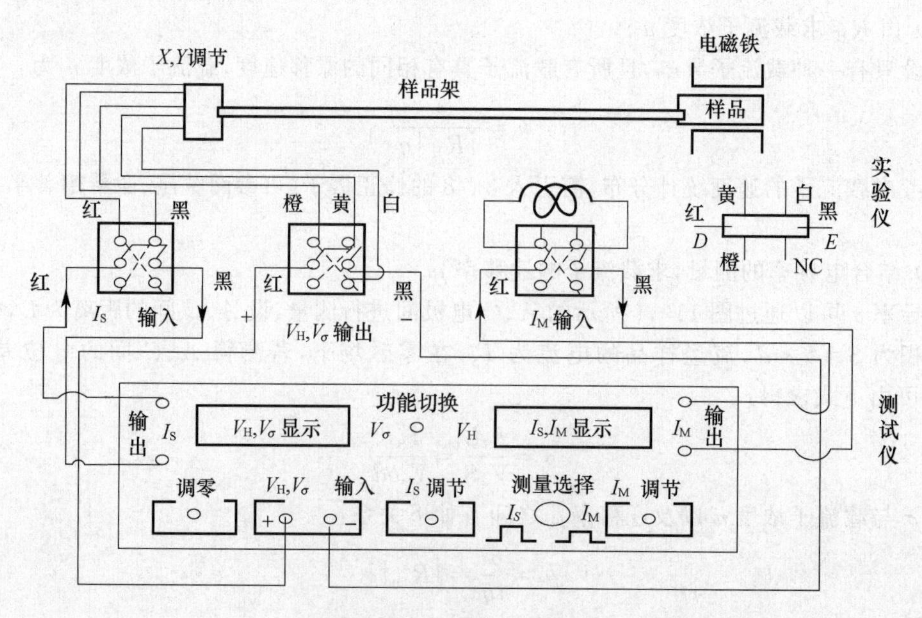

图11-2 测量电路连接图

如图 11－3 所示，按“左红右黑”原则，将测试仪与实验仪各输入、输出端对应连接好。规定：双刀双掷开关向上为正方向、向下为负方向。

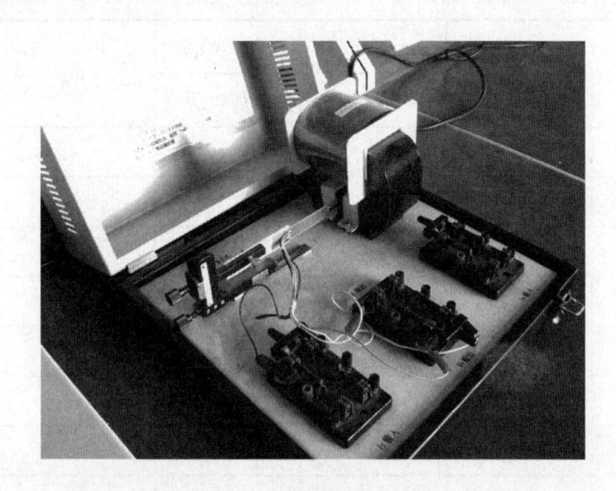

图 11－3　霍耳效应实验仪

注意：严禁将测试仪的励磁电源“I_M 输出”误接到实验仪的“I_S 输入”或“V_H、V_σ 输出”处，否则一旦通电，霍耳器件即遭损坏！

1. 测绘 V_H-I_S 曲线

将实验仪的“V_H、V_σ”切换开关投向 V_H 一侧，测试仪的“功能切换”置 V_H。保持 I_M 值不变(取 $I_M=0.45$ A)，依次改变霍耳电流 I_S 的大小，将 V_H 的值记入表 11－1 中。根据记录的数据，描绘 V_H-I_S 关系曲线。

表 11－1　霍耳电压随霍耳电流变化关系

$I_M=0.45$ A　I_S 取值：1.00 mA～4.50 mA

I_S/mA	V_1/mV	V_2/mV	V_3/mV	V_4/mV	$V_H=\frac{V_1-V_2+V_3-V_4}{4}$/mV
	$+I_S$、$+B$	$+I_S$、$-B$	$-I_S$、$-B$	$-I_S$、$+B$	
1.00					
1.50					
2.00					
2.50					
3.00					
3.50					
4.00					
4.50					

2. 测绘 V_H-I_M 曲线

保持 I_S 值不变(取 $I_S=4.0$ mA)，依次改变励磁电流 I_M 的大小，将 V_H 的数值记入表 11－2 中，根据记录的数据描绘 V_H-I_M 曲线。

表 11-2 霍耳电压随励磁电流变化关系

$I_S=4.0\text{mA}$ I_M 取值:0.100 A~0.450 A

I_M/A	V_1/mV	V_2/mV	V_3/mV	V_4/mV	$V_H=\frac{V_1-V_2+V_3-V_4}{4}$/mV
	$+I_S$、$+B$	$+I_S$、$-B$	$-I_S$、$-B$	$-I_S$、$+B$	
0.100					
0.150					
0.200					
0.250					
0.300					
0.350					
0.400					
0.450					

根据以上 V_H-I_S 和 V_H-I_M 曲线,验证在磁场不太强时霍耳电压与电流和磁场的关系式。半导体样品所处电磁铁间隙的磁场 $B=\alpha I_M$,其中励磁系数 α 值由实验室给出,作图并计算 R_H。根据测量电路中的电流、磁场、霍耳电压的接线方向及测量数据的正、负,判断本样品的导电类型。

3. 测量 V_σ 值

将“V_H、V_σ”切换开关投向 V_σ 一侧,“功能切换”置 V_σ,在零磁场下(取 $I_M=0$),取 $I_S=0.1$ mA,测量 V_σ。

注意:I_S 取值不要过大,以免 V_σ 太大,电压表超量程(此时首位数码显示为1,后三位数码熄灭)。

数据处理

1. 根据表 11-1、表 11-2,作出 V_H-I_S、V_H-I_M 关系曲线。
2. 通过 V_H-I_S、V_H-I_M 关系曲线,用作图法求出 R_H。
3. 计算 V_H,并根据 V_H 的正、负判断霍耳样品的导电类型。
4. 根据公式,计算样品的载流子浓度 n、电导率 σ 及迁移率 μ。

讨论题

1. 什么是霍耳效应?产生霍耳效应应具备哪些条件?
2. 如何判断被测样品的导电类型?
3. 实验中采用什么方法来消除或减少霍耳效应副效应的影响?
4. 如何利用作图法求霍耳系数?

结 论

通过对实验现象和实验结果的分析,你能得到什么结论?

实验12

迈克尔逊干涉仪

迈克尔逊干涉仪是 1883 年美国物理学家迈克尔逊和莫雷合作,为研究“以太”漂移而设计制造出来的精密光学仪器,它利用分振幅法产生双光束以实现干涉。迈克尔逊由于这一发明而获得了 1907 年的诺贝尔物理学奖。迈克尔逊干涉仪主要用于长度和折射率的测量,在近代物理和近代计量技术中也有着重要的应用(如光谱线精细结构的研究和用光波标定标准米尺等)。

实验目的

1. 了解迈克尔逊干涉仪的工作原理和使用方法。
2. 学习用迈克尔逊干涉仪测定 He - Ne 激光波长的方法。
3. 通过测定钠光双线的波长差,了解其光谱结构。

实验仪器

WSM - 200 型迈克尔逊干涉仪、He - Ne 激光器、钠光灯、毛玻璃。

实验原理

1. 迈克尔逊干涉仪的结构原理

迈克尔逊干涉仪的基本光路如图 12 - 1 所示。G_1 和 G_2 是两块平行放置的平行平面玻璃板,它们的折射率和厚度都完全相同。G_1 的背面镀有半反射膜,称作分光板。G_2 称作补偿板。M_1 和 M_2 是两块平面反射镜,它们装在与 G_1 成 45°角的彼此互相垂直的两臂上。M_1 固定不动,M_2 可沿臂轴方向前后平移。

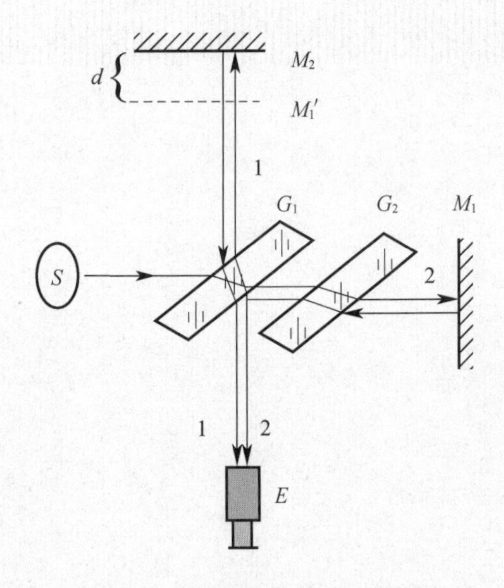

图 12 - 1　迈克尔逊干涉仪光路图

从光源 S 发出的一束光,在分光板 G_1 的半反射面上被分成光强近似相等的反射光束 1 和透射光束 2。光束 1 经 G_1 半反射膜反射后到达反射镜 M_2,被反射回来再穿过 G_1 之后沿 E 的方向传播;光束 2 经过补偿板 G_2 到反射镜 M_1,被反射回来再通过 G_2,在 G_1 的半反射面上反射之后也沿 E 的方向传播。由于这两束光是相干的,在 E 处可观察到干涉条纹。光束 1 三次穿过分光板,而光束 2 只通过分光板一次,补偿板的作用是为了补偿反射光束 1 因在 G_1 中往返两次所多走的光程,使两束光在玻璃中的光程完全相等。

迈克尔逊干涉仪的结构如图 12 - 2 所示。反射镜 M_1 固定在仪器侧面,反射镜 M_2 固定在拖板上,拖板可随精密丝杠的转动,在导轨上前后移动。呈整体状的底座作为支架,防止导轨变形。调节微调手轮或粗调手轮可以改变 M_2 的位置。粗调手轮每转一周可使 M_2 移动 1 mm,读数窗中每一格代表 0.01 mm;微调手轮每转一周 M_2 移动 0.01 mm,微调手轮上每一格代表 0.0001 mm,可估读至 10^{-5} mm。M_1、M_2 背后各有 3 个螺丝,用来粗调两反射镜的方向，M_1 下端还有两个方向相互垂直的拉簧螺丝，用来精确调节 M_1 的方向。M_2 的位置由导轨侧面的直尺读数（不估读）、读数窗中的读数（不估读）、微调手轮的读数（估读一位）的和来表示，应为 7 位有效数字。

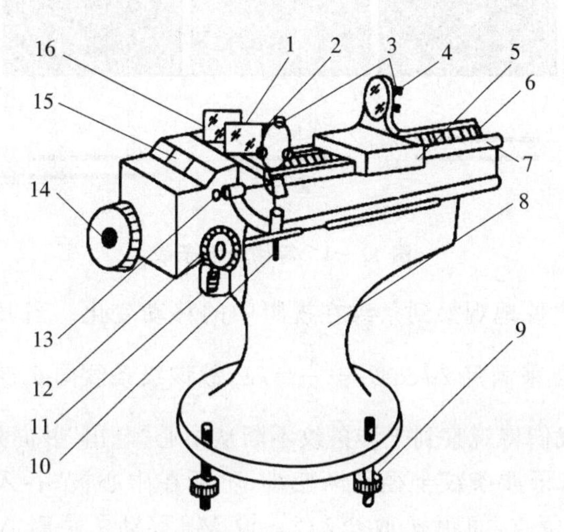

1—补偿板；2—固定反射镜；3—反射镜调节螺丝；4—活动反射镜；5—拖板；6—精密丝杠；7—导轨；8—底座；9—底座调平螺丝；10—固定反射镜微调拉簧（垂直）；11—支架插孔；12—微调手轮；13—固定反射镜微调拉簧（水平）；14—粗调手轮；15—读数窗；16—分光板

图 12－2　WSM－200 型迈克尔逊干涉仪

2. 干涉图样的形成

在图 12－1 中作 M_1 关于 G_1 后表面成的虚像 M_1'，可知光束自 M_1 上的反射相当于自 M_1' 上的反射。因此，迈克尔逊干涉仪所产生的干涉与 M_2 和 M_1' 之间厚度为 d 的空气层上下两个表面的反射光所产生的干涉是一样的。

1）等倾干涉条纹

当 M_2 和 M_1 垂直时，M_2 和 M_1' 平行，如图 12－3 所示。两反射光的光程差为：

$$\delta = 2d\cos\theta + \frac{\lambda}{2} = \begin{cases} k\lambda（干涉相长） \\ (2k+1)\dfrac{\lambda}{2}（干涉相消） \end{cases} \tag{12-1}$$

在扩展光源（可看做许多挨得很近的点光源）的情况下，由式（12－1）可知，入射角 θ 相同的光在空气层上下表面的反射光光程差都相等，也就是说只要入射角相同的光就形成同一级条纹，条纹的形状为一圆环。这些从扩展光源发出的，入射角不同的光最终在 E 处形成的干涉图样是一组明暗相间的同心圆环，如图 12－4 所示。这种干涉称为等倾干涉。

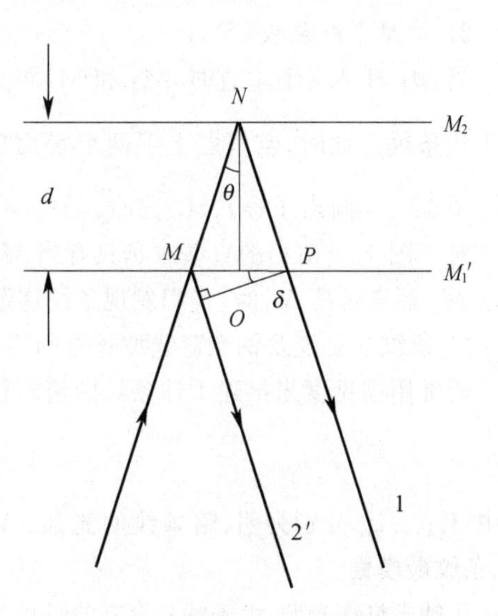

图 12－3　等倾干涉的等效光路图

当改变平面反射镜 M_2 的位置使得空气膜厚

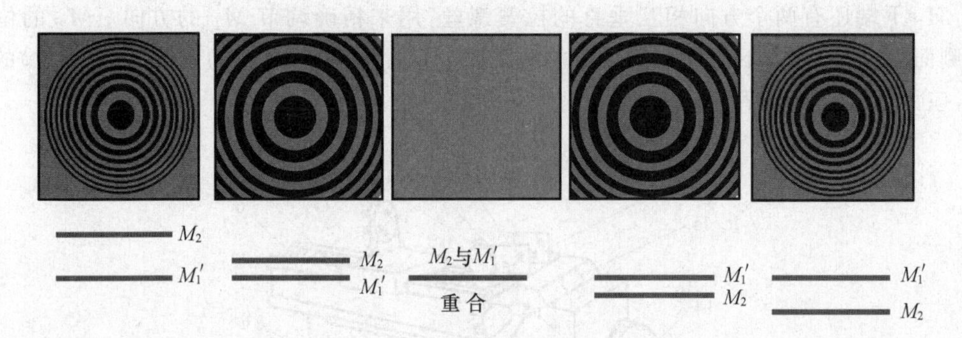

图 12-4　等倾干涉条纹

度 d 发生变化时,可以方便地观察到条纹在视野中的移动变化。当 d 增大时,对任意一级干涉条纹必须减小其 $\cos\theta_k$ 来满足 $2d\cos\theta_k+\frac{\lambda}{2}=k\lambda$,故该级条纹向 θ_k 变大的方向移动,条纹的半径逐渐变大。这样,我们将观察到干涉条纹不断从中心“吐出”并向外扩张,条纹逐渐变细变密。反之,当 d 减小时,干涉条纹半径逐渐变小,不断在中心被“吞入”,条纹逐渐变粗变疏。每“吐出”或“吞入”一个条纹,间距 d 改变 $\lambda/2$。设 M_2 移动了距离 Δd,相应地“吐出”或“吞入”的条纹数为 N,则:

$$\Delta d=N\frac{\lambda}{2}$$

或

$$\lambda=\frac{2\Delta d}{N} \tag{12-2}$$

由仪器读出 Δd,数出相应的 N,就可算出光波波长 λ;反之,若已知 λ,并数出“吐出”或“吞入”的条纹数 N,就可以求出 M_1',M_2 间距变化 Δd。这就是利用干涉仪精密测量光波波长或长度的基本原理。

2) 等厚干涉条纹

当 M_2 和 M_1 不垂直时,M_2 和 M_1' 两平面有一很小夹角,形成一楔形的空气薄层,产生等厚干涉条纹。此时,空气层上下两个表面反射光的光程差仍可近似地用 $\delta=2d\cos\theta+\frac{\lambda}{2}$ 来表示。图 12-5 画出了(a)、(b)、(c)、(d)、(e)五种等厚干涉条纹所对应的平面反射镜的相对位置。对于图 12-5(c)的直条纹是只有当 M_2 与 M_1' 夹角很小且两平面近于重合时才能看到。当移动 M_2 逐渐远离 M_1' 时,我们发现条纹逐渐向两侧弯曲,直到条纹消失。

3) 条纹视见度及钠光双线波长差的测量

通常用视见度来描述干涉条纹的清晰程度,其定义为:

$$V=\frac{I_{\max}-I_{\min}}{I_{\max}+I_{\min}} \tag{12-3}$$

式中:$I_{\max}$、$I_{\min}$ 分别为明、暗条纹的光强。$V=1$ 时视见度最大,条纹最清楚,$V=0$ 时视见度最小,条纹最模糊。

用钠光灯作光源,由于钠光含有波长相差很小的两条谱线($\lambda_1=589.6$ nm 和 $\lambda_2=589.0$ nm),每组谱线都各自产生一套干涉条纹,改变动镜 M_2 的位置,这两套干涉条纹交叉重叠,条纹的视

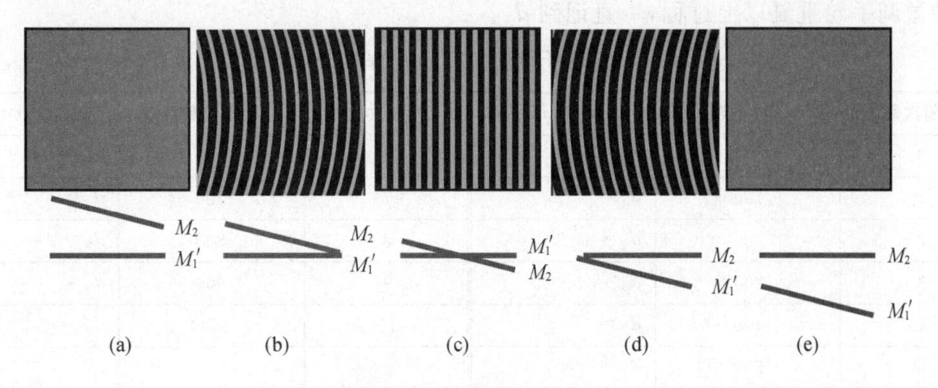

图 12-5 等厚干涉条纹

见度随之发生周期性变化，当 $2d=k_1\lambda_1=\left(k_2+\frac{1}{2}\right)\lambda_2$ 时，λ_1 光波为明条纹，λ_2 光波为暗条纹。如果 λ_1、λ_2 光波的发光强度相等，则此时视场中均匀明亮，条纹视见度为零。若 λ_1、λ_2 光波的发光强度不相等，则视场中还可模糊地看到干涉条纹，条纹视见度最小。设相邻两次视见度为零（或最小）时 M_2 移动的距离为 Δd，则钠光两条谱线的波长差为：

$$\Delta\lambda=\frac{\lambda_1\lambda_2}{2\Delta d}\approx\frac{\overline{\lambda}^2}{2\Delta d} \tag{12-4}$$

式中：$\overline{\lambda}$ 为平均波长。由上式可知：只要测出相邻两次视见度为零（或最小）时 M_1 移动的距离 Δd，就可以求出钠光双线的波长差。

实验内容与测量

1. 用迈克尔逊干涉仪测定 He-Ne 激光波长

把一个激光束固定在仪器左侧的架子上，主尺刻度调节到 30～35 mm 范围内，转动架子使激光垂直于平面镜 M_1。取下圆形的观测屏，直接看平面镜 M_2 方向，可以看到两横排激光点，调节 M_1 或 M_2 后面的三个螺钉，使两排激光点完全重合。放上观测屏应该能看到干涉条纹，若不能看到，则取下观测屏继续调节。干涉条纹一般为圆弧状，根据其形状判断圆心位置，如果圆心不在屏上，则需要微调 M_1 或 M_2 后面的三个螺钉，使圆心在屏的中央。然后转动仪器正前方的黑色粗调手轮，使圆形条纹的大小合适。

沿任一方向连续转动仪器右侧的微调手轮，使条纹一个一个连续向外涌出或向内缩进。此时记下 M_2 镜的位置 d_0（读数方法见迈克尔逊干涉仪仪器结构和原理部分），填入表 12-1。继续沿同一方向转动微调手轮，每改变 100 条条纹记一次 d 值，记到 1000 条为止（**注意：**为了避免引入空行程，测量过程必须同方向旋转微调手轮和粗调手轮）。

2. 测量钠光双线波长差

表 12-1 的数据记录完成后，取下激光束和屏。（**注意：**在此步骤中千万不要调节 M_1 或 M_2 后面的三个螺钉）。打开钠光灯，把它放在仪器左侧取代激光作光源。直接用眼睛观察 M_2 方向，可以看到干涉条纹。沿某一方向快速转动微调手轮，观察干涉条纹的变化规律（清晰度的变化），需要转很多圈才能看到清晰度明显的变化。找到条纹最模糊的位置（或条纹消失的位置），记下此时的读数 d_1，填入表 12-2。然后继续沿同一方向转微调手轮，条纹会越来越清晰，再继续转，条纹又会越来越模糊，当再次转到最模糊的位置时，记下 d_2。继续沿同一

方向转微调手轮重复以上过程,一直记到 d_4。

表 12-1　用迈克尔逊干涉仪测定 He-Ne 激光波长数据记录表

测量次数	条纹数	d_i/ mm	测量次数	条纹数	d_i/ mm
0	0	$d_0=$	6	600	$d_6=$
1	100	$d_1=$	7	700	$d_7=$
2	200	$d_2=$	8	800	$d_8=$
3	300	$d_3=$	9	900	$d_9=$
4	400	$d_4=$	10	1000	$d_{10}=$
5	500	$d_5=$			

表 12-2　测量钠光双线波长差数据记录表

被测量/ mm	d_1	d_2	d_3	d_4
测量值				

数据处理

1. 根据表 12-1,用逐差法求出 $\overline{\Delta d}$,计算出激光的波长 λ,并与标准值 $\lambda_0=632.8$ nm 进行比较,求出百分差。

$$\overline{\Delta d}=\frac{1}{25}[(d_6-d_1)+(d_7-d_2)+(d_8-d_3)+(d_9-d_4)+(d_{10}-d_5)]=\_\_\_\_\ \text{mm}$$

实验值　$\lambda=\frac{2\overline{\Delta d}}{N}=\frac{2\overline{\Delta d}}{100}=\_\_\_\_\_\_\_\_\_\_$ nm

百分差　$E=\frac{|\lambda-\lambda_0|}{\lambda_0}\times 100\%=$

($\lambda_0=632.8$ nm)

2. 根据表 12-2 记录的数据,求出 $\overline{\Delta d}$,计算钠光双线波长差 $\Delta\lambda$。

$$\overline{\Delta d}=\frac{\sum_{i=3}^{4}(d_i-d_{i-2})}{4}=\_\_\_\_\_\_\_\_\ \text{mm}$$

$$\Delta\lambda=\frac{\bar{\lambda}^2}{2\overline{\Delta d}}=\_\_\_\_\_\_\_\_\_\_\ \text{nm}(\bar{\lambda}=589.3\text{nm})$$

讨论题

1. 迈克尔逊干涉仪上看到的等倾干涉条纹与牛顿环实验中看到的干涉条纹有哪些区别?
2. 测量中为什么粗调手轮和微调手轮不能倒转?

结　论

通过对实验现象和实验结果的分析,你能得到什么结论?

实验13
光电效应

光电效应(Photoelectric effect)是 1887 年赫兹在实验研究麦克斯韦电磁理论时偶然发现的。1900 年,普朗克(Max Planck)为了解决黑体辐射能量分布,提出了能量子假说。1902 年,勒纳德(P・Lenard)对光电效应进行了系统研究,指出光电效应是金属中的电子吸收了入射光的能量而从表面逸出的现象。1905 年,爱因斯坦用光量子理论对光电效应进行了全面的解释。1916 年,美国科学家密立根通过精密的定量实验证明了爱因斯坦的理论解释,从而也证明了光量子理论。由于在光电效应方面的贡献,爱因斯坦和密立根分别获得 1921 年和 1923 年诺贝尔物理学奖。

对光电效应的研究,使人们逐步认识到光具有波粒二象性,促进了光量子理论的建立和近代物理学的发展。光电效应在现代科学技术中有着广泛的应用。目前,根据光电效应原理制成的光电管、光电倍增管、光电摄像管等已经在生产和科研中起到了不可替代的作用。

实验目的

1. 了解光电效应规律。
2. 测量普朗克常数 h。
3. 测光电管的伏安特性曲线。
4. 研究光强和光电流的关系。

实验仪器

ZKY-GD-3 光电效应实验仪。

ZKY-GD-3 光电效应实验仪由汞灯及电源,滤色片,光阑,光电管、测试仪(含光电管电源和微电流放大器)构成,如图 13-1 所示。

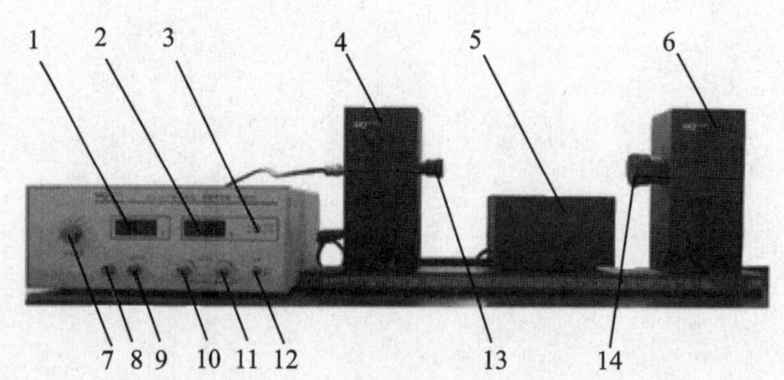

1—光电流显示窗口;2—电压显示窗口;3—电压范围选择按钮;4—光电管;5—汞灯电源;6—汞灯;7—电流量程选择旋钮;8—调零测量切换按钮;9—电流调零旋钮;10—电压调节旋钮;11—电压调节旋钮;12—电源开关;13—光入射口;14—光出射口

图 13-1 光电效应仪器图

汞灯:可用谱线 365.0 nm、404.7 nm、435.8 nm、546.1 nm、577.0 nm、579.0 nm。

滤色片:5 片,透射波长 365.0 nm、404.7 nm、435.8 nm、546.1 nm、577.0 nm。

光阑:3 个,直径 2 mm、4 mm、8 mm。

光电管:光谱响应范围 320～700 nm,暗电流:$I \leqslant 2\times10^{-12}$ A。

光电管电压:2 档,-2～0 V,-2～$+30$ V,三位半数显,稳定度≤0.1%。

微电流放大器:6 档,10^{-8}～10^{-13} A,分辨率 10^{-14} A,三位半数显,稳定度≤0.2%。

实验原理

当光照射在金属表面上时，有电子从金属表面逸出，这种现象称为光电效应。逸出的电子称为光电子，形成的电流称为光电流。光电效应的实验原理如图 13－2 所示。当频率为 ν，强度为 P 的单色光照射到光电管阴极 K 上，产生的光电子在电场的加速作用下向阳极 A 迁移形成光电流，改变外加电压 U_{AK}，测量出光电流 I 的大小变化，即可绘制出光电管的伏安特性曲线。

光电效应的基本实验事实如下：

(1) 对应于一定频率的入射光，光电效应的 $I-U_{AK}$ 关系如图 13－3 所示。由图可见，存在一电压 U_0，当 $U_{AK} \leqslant U_0$ 时，光电流为零，U_0 的绝对值，被称为截止电压。

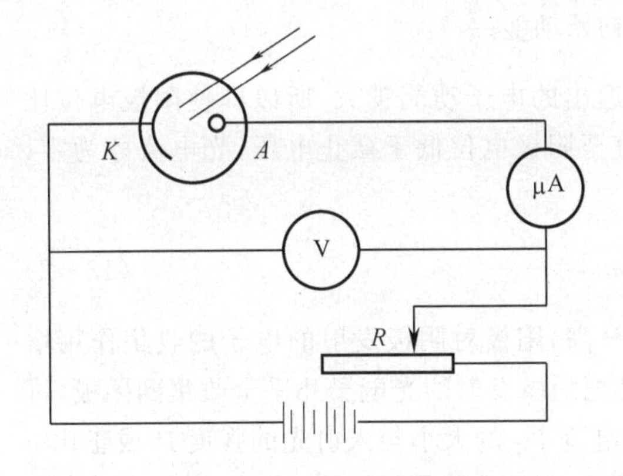

图 13－2　光电效应原理图

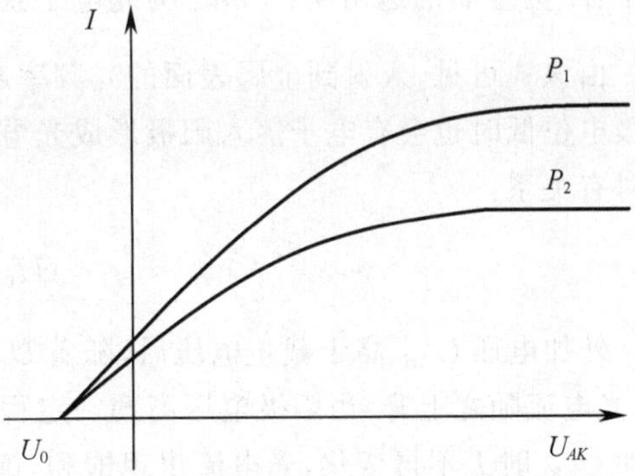

图 13－3　同一频率不同光强时光电管的伏安特性曲线

(2) 当 $U_{AK} \geqslant U_0$ 后，I 随着 U 的增大迅速增加，最终趋于饱和，饱和光电流 I_M 的大小与入射光的强度 P 成正比。

(3) 由图 13－4 可知，对于不同频率的光，其截止电压的值不同。

(4) 截止电压 U_0 与入射光频率 ν 的关系如图 13－5 所示，U_0 与 ν 成正比关系。当入射光频率低于某极限值 ν_0(ν_0 随不同金属而异)时，即使光的强度很大，照射时间很久，都没有光电流产生，该频率称为截止频率或红限频率。

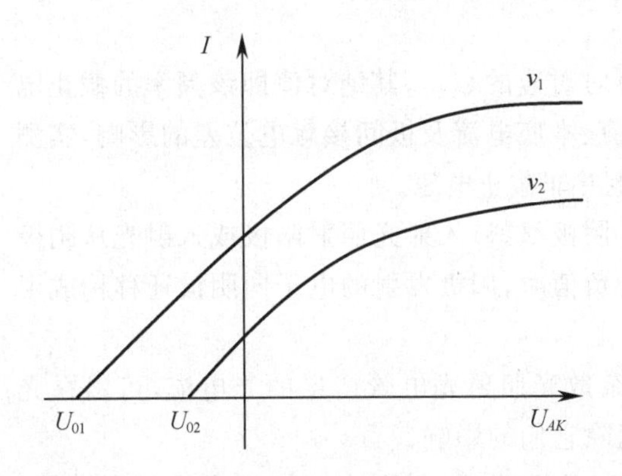

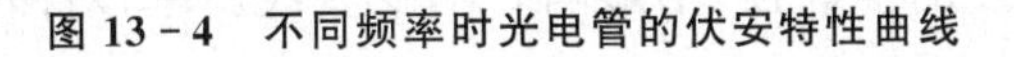

图 13－4　不同频率时光电管的伏安特性曲线

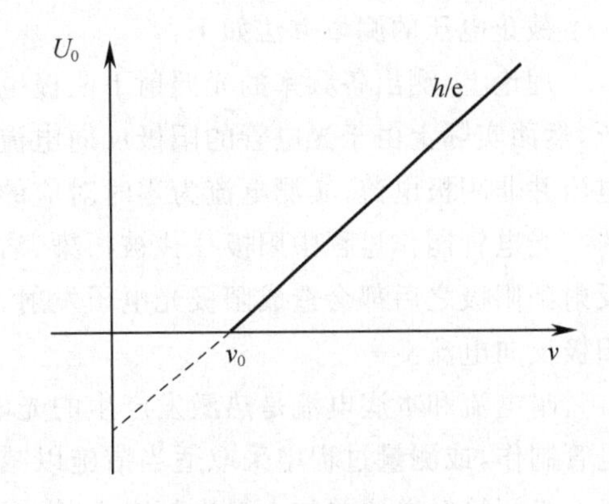

图 13－5　截止电压与入射光频率的关系曲线

(5) 光电效应是瞬时效应。即使入射光的强度非常微弱,只要频率大于ν_0,在开始照射后立即有光电子产生,所经过的时间至多为10^{-9} s的数量级。

按照爱因斯坦的光量子理论,光能并不像电磁波理论所想象的那样,分布在波阵面上,而是集中在被称之为光子的微粒上,但这种微粒仍然保持着频率(或波长)的概念,频率为ν的光子具有能量$E=h\nu$,h为普朗克常数。当光子照射到金属表面上时,瞬间为金属中的电子全部吸收,而无需积累能量的时间。电子把这能量的一部分用来克服金属表面对它的吸引力,余下的就变为电子离开金属表面后的动能,按照能量守恒原理,爱因斯坦提出了著名的光电效应方程:

$$h\nu=\frac{1}{2}m\nu_0^2+A \tag{13-1}$$

式中:A为金属的逸出功;$\frac{1}{2}m\nu_0^2$为光电子获得的初始动能。

由该式可见,入射到金属表面的光频率越高,逸出的电子动能越大,所以即使阳极电位比阴极电位低时也会有电子落入阳极形成光电流,直至阳极电位低于截止电压,光电流才为零,此时有关系:

$$eU_0=\frac{1}{2}m\nu_0^2 \tag{13-2}$$

外加电压U_{AK}高于截止电压后,随着U_{AK}的升高,阳极对阴极发射的电子的收集作用增强,光电流随之上升;当阳极电压高到一定程度,已把阴极发射的光电子几乎全收集到阳极,再增加U_{AK}时I不再变化,光电流出现饱和,饱和光电流I_M的大小与入射光的强度P成正比。

光子的能量$h\nu_0<A$时,电子不能脱离金属,因而没有光电流产生。产生光电效应的最低频率是$\nu_0=A/h$。

将式(13-2)代入式(13-1)可得:

$$U_0=\frac{h}{e}\nu-\frac{A}{e} \tag{13-3}$$

此式表明截止电压U_0是频率ν的线性函数,直线斜率$k=h/e$,只要用实验方法得出不同频率对应的截止电压,做出截止电压与入射光频率的关系曲线,求出直线斜率,就可算出普朗克常数h。爱因斯坦的光量子理论成功地解释了光电效应规律。

截止电压的测量方法如下:

理论上,测出各频率的光照射下阴极电流为零时对应的U_{AK},其绝对值即该频率的截止电压,然而实际上由于光电管的阳极反向电流、暗电流、本底电流及极间接触电位差的影响,实测电流并非阴极电流,实测电流为零时对应的U_{AK}也并非截止电压。

光电管制作过程中阳极往往被污染,沾上少许阴极材料,入射光照射阳极或入射光从阴极反射到阳极之后都会造成阳极光电子发射,U_{AK}为负值时,阳极发射的电子向阴极迁移构成了阳极反向电流。

暗电流和本底电流是热激发产生的光电流与杂散光照射光电管产生的光电流,可以在光电管制作,或测量过程中采取适当措施以减小或消除它们的影响。

极间接触电位差与入射光频率无关,只影响U_0的准确性,不影响$U_0-\nu$直线斜率,对测定h无影响。

此外，由于截止电压是光电流为零时对应的电压，若电流放大器灵敏度不够，或稳定性不好，都会给测量带来较大误差。本实验仪器的电流放大器灵敏度高，稳定性好。

本实验仪器采用了新型结构的光电管。由于其特殊结构使光不能直接照射到阳极，由阴极反射照到阳极的光也很少，加上采用新型的阴、阳极材料及制造工艺，使得阳极反向电流大大降低，暗电流水平也很低。

由于本仪器的特点，在测量各谱线的截止电压 U_0 时，可用“零电流法”或“补偿法”测量截止电压。

零电流法是直接将各谱线照射下测得的电流为零时对应的电压 U_{AK} 的绝对值作为截止电压 U_0。此法的前提是阳极反向电流、暗电流和本底电流都很小，用零电流法测得的截止电压与真实值相差很小。且各谱线的截止电压都相差 ΔU 对 $U_0-\nu$ 曲线的斜率无大的影响，因此对 h 的测量不会产生大的影响。

补偿法是调节电压 U_{AK} 使电流为零后，保持 U_{AK} 不变，遮挡汞灯光源，此时测得的电流 I_1 为电压接近截止电压时的暗电流和本底电流。重新让汞灯照射光电管，调节电压 U_{AK} 使电流值至 I_1，将此时对应的电压 U_{AK} 的绝对值作为截止电压 U_0。此法可补偿暗电流和本底电流对测量结果的影响。

实验内容与测量

1. 测试前准备

(1) 将测试仪及汞灯电源接通，预热 20 min。

(2) 把汞灯及光电管暗箱遮光盖盖上，将汞灯暗箱光输出口对准光电管暗箱光输入口，调整光电管与汞灯距离约 400 mm 处保持不变。

(3) 用专用连接线将光电管暗箱电压输入端与测试仪电压输出端连接起来(红接红，蓝接蓝)。

(4) 将“电流量程”选择开关置于所选挡位，仪器在充分预热后，进行测试前调零。调零时需将“调零/测量”切换开关切换到“调零”挡位，旋转“电流调零”旋钮使电流指示为 0。调好后，将“调零/测量”切换开关切换到“测试”挡位，就可以进行实验了。

(5) 用高频匹配电缆将光电管暗箱电流输出端与测试仪微电流输入端连接起来。

2. 测普朗克常数

将电压选择按键置于$-2\sim+0$V 档；将“电流量程”选择开关置于 10^{-13} A 档，按照前面方法将仪器调零；将直径 4 mm 的光阑及 365.0 nm 的滤色片装在光电管暗箱光输入口上。

调节电压，用“零电流法”或“补偿法”寻找电流为零时对应的电压值。此时电压的绝对值即为该波长对应的截止电压 U_0，将数据填入表 13-1 中。

依次换上 404.7 nm，435.8 nm，546.1 nm，577.0 nm 的滤色片，重复以上测量步骤。

表 13-1 $U_0-\nu$ 关系

光阑孔 $\Phi=4$ mm　　$L=400$ mm

波长 λ_i/nm	365.0	404.7	435.8	546.1	577.0
频率 ν_i/($\times10^{14}$ Hz)	8.214	7.408	6.879	5.490	5.196
截止电压 U_{0i}/V					

3. 测光电管的伏安特性曲线

将电压选择按键置于-2 V～$+30$ V 档;将“电流量程”选择开关置于 10^{-11} A 档;将测试仪调零,按以下步骤测量光电管伏安特性曲线。

(1) 将直径 2 mm 的光阑及 435.8 nm 的滤色片装在光电管暗箱光输入口上。从低到高调节电压,记录电流从零到非零点所对应的截止电压值作为第一组数据,以后电压每变化一定值记录一组数据到表 13-2 中。为了使测量数据与光电管的伏安特性吻合,在电流上升较快的区域应多测量几组数据。

(2) 按表 13-2 中的数据调节电压,测出各电压值对应的电流值填入表中。为了使测量数据与光电管的伏安特性吻合,在电流上升较快的区域数据点间隔小,在电流趋于稳定区域数据点间隔大。

(3) 换上 546.1 nm 的滤色片,重复上述步骤;将测量数据填入表 13-2 中。

表 13-2　$I-U_{AK}$ 关系

$L=400$mm　　$\Phi=2$mm

435.8nm	U_{AK}/V		0	4	8	12	16	20	25	30
	$I/(\times10^{-11}$ A)	0								
546.1nm	U_{AK}/V		0	4	8	12	16	20	25	30
	$I/(\times10^{-11}$ A)	0								

4. 光强和光电流的关系

(1) 保持 $U_{AK}=30$ V,将“电流量程”选择开关置于 10^{-10} A 档,将测试仪电流输入电缆断开,调零后重新接上,在同一谱线,在同一入射距离下,记录光阑孔直径分别为 2 mm,4 mm,8 mm 时对应的电流值,填入表 13-3 中。

表 13-3　I_M-P 关系

$U_{AK}=30$V　　$L=400$ mm

435.8 nm	光阑孔直径 Φ	2 mm	4 mm	8 mm
	$I/(\times10^{-10}$ A)			
546.1 nm	光阑孔直径 Φ	2 mm	4 mm	8 mm
	$I/(\times10^{-10}$ A)			

由于照到光电管上的光强与光阑面积成正比,用表 13-3 数据可以验证光电管的饱和光电流与入射光强成正比。

(2) 保持 $U_{AK}=30$ V,将“电流量程”置于 10^{-10} A 挡并调零,选择合适的光阑,测量并记录在同一频率,同一光阑下,光电管与入射光不同距离对应的电流值,填入表 13-4 中。

表 13-4　I_M-P 关系

$U_{AK}=30$V　　$\Phi=4$ mm

435.8 nm	入射距离 L/mm	300	320	340	360	380	400
	$I/(\times10^{-10}$ A)						
546.1 nm	入射距离 L/mm	300	320	340	360	380	400
	$I/(\times10^{-10}$ A)						

数据处理

1. 根据表 13-1 数据，用坐标纸作出 $U_0-\nu$ 直线，求出直线斜率 k。用 $h=ek$ 求出普朗克常数，并与 h 的公认值 h_0 比较求出相对误差 $E=\frac{|h-h_0|}{h_0}$，式中 $e=1.602\times10^{-19}$ C，$h_0=6.626\times10^{-34}$ J·s。

2. 根据表 13-2 数据作出不同波长时光电管的伏安特性曲线。

3. 完成实验数据表 13-3、表 13-4，总结光强和光电流的关系规律。

讨论题

1. 当加在光电管两端的电压为零时，光电流不为零，为什么？
2. 实验过程中哪些因素影响截止电压的测定？
3. 实验过程中，如何利用光电效应测量普朗克常数？
4. 实验误差产生的主要原因是什么？如何减少实验误差？

结　论

通过实验，总结出光电效应的实验规律。

实验14

弗兰克-赫兹实验

1913年,丹麦物理学家玻尔(N. Bohr)根据光谱学的研究和量子理论,在卢瑟福(E. Ruthford)的原子核模型基础上,提出了一个新的氢原子结构理论,指出原子存在能级。玻尔理论在预言和解释氢光谱现象中取得了很大的成功。1914年,德国物理学家弗兰克(J. Franck)和赫兹(G. Hertz)采用慢电子与稀薄气体原子(如氩原子)碰撞的方法,研究碰撞前后电子能量的变化,证明了原子能级的存在,测量了氩原子的第一激发电位。弗兰克-赫兹实验为玻尔原子模型理论提供了有力的证据,成为历史上著名的物理实验之一,两人也因此获得1925年诺贝尔物理学奖。通过这一实验,可以了解弗兰克和赫兹研究气体放电现象中低能电子与原子间相互作用的实验思想和方法,电子与原子碰撞的微观过程是怎样与实验中的宏观量相联系的,并可以研究原子内部的能量状态与能量交换的微观过程。

实验目的

测量氩原子的第一激发电位,加深对原子能级的理解。

实验仪器

ZKY-FH-2型智能弗兰克-赫兹实验仪(图14-1、图14-2)、示波器(选用)。

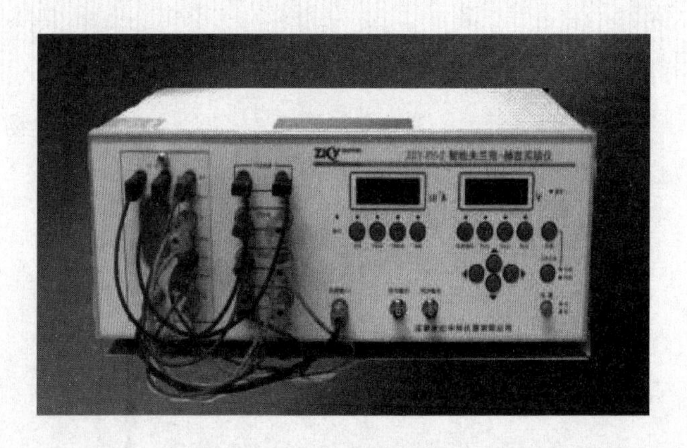

图14-1 ZKY-FH-2型智能弗兰克-赫兹实验仪

实验原理

根据玻尔的原子模型理论,原子是由原子核和以核为中心沿各种不同轨道运动的一些电子构成的。对于不同的原子,这些轨道上的电子数分布各不相同。一定轨道上的电子具有一定的能量,能量最低的状态称为基态,能量较高的状态称为激发态,能量最低的激发态称第一激发态。当同一原子的电子从低能量的轨道跃迁到较高能量的轨道时,原子就处于受激状态。但是原子所处的能量状态并不是任意的,而是受到玻尔理论的两个基本假设的制约。

(1) 原子的量子化定态假设:原子只能较长久地停留在一些不连续的稳定状态(简称定态)。原子在这些状态时,不发射也不吸收能量,各定态具有的能量数值是彼此分隔的。原子的能量不论通过什么方式改变,它只能使原子从一个定态跃迁到另一个定态。

(2) 辐射的频率定则:原子从一个定态跃迁到另一个定态而发射或吸收辐射能量时,辐射

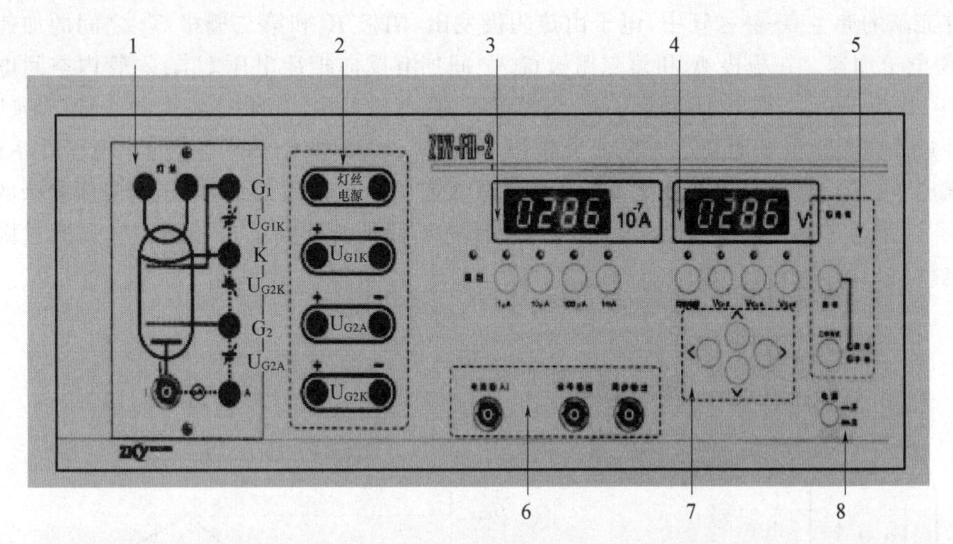

1—F-H 管各输入电压连接插孔和板极电流输出插座；2—F-H 管所需激励电压的输出连接插孔；
3—测试电流指示区；4— 测试电压指示区；5— 工作状态指示区；6— 测试信号输入输出区；
7— 调整按键区；8—电源开关

图 14-2　弗兰克-赫兹实验仪前面板图

的频率是一定的。如果用 E_m 和 E_n 代表有关两定态的能量，辐射的频率 ν 决定于如下关系：

$$h\nu = E_n - E_m$$

式中：h 为普朗克常数(6.626×10^{-34} J·s)。

原子状态的改变通常在两种情况下发生：一是当原子吸收或发射电磁波时；二是当原子与其他粒子发生碰撞而交换能量时。用电子轰击原子实现能量交换最方便，因为电子的能量 eU 可通过改变加速电压 U 来控制。弗兰克—赫兹实验就是用这种方法证明了原子能级的存在。

由玻尔理论可知，处于基态的原子发生状态改变时，其所需的能量不能小于该原子从基态跃迁到第一激发态时所需的能量，这一能量称为临界能量。在正常情况下原子所处的定态是低能态，称为基态，具有能量为 E_1；能量为 E_2 的激发态称为第一激发态，从基态跃迁到第一激发态所需的临界能量数值等于 E_2-E_1。

设初速度为零的电子在电压为 U 的加速电场作用下，获得能量 eU，当电子与原子碰撞时，如果电子能量小于临界能量，则发生弹性碰撞，电子碰撞前后的能量几乎不变，而只改变运动方向；若电子与原子碰撞时传递给原子的能量 eU_0 正好是原子从基态跃迁到第一激发态所需的临界能量 E_2-E_1 时，即：

$$eU_0 = E_2 - E_1 \tag{14-1}$$

电子与原子则发生非弹性碰撞，实现能量交换，使原子从基态跃迁到第一激发态，则 U_0 称为原子的第一激发电位。

弗兰克—赫兹实验是通过弗兰克—赫兹管来实现的。管内充以不同的元素，就可以测出相应气体元素原子的第一激发电位，其实验原理如图 14-3 所示。管内有发射电子的阴极 K，它由管中的灯丝 H 通电加热而产生热电子。管中还有用于消除空间电荷对阴极电子发射的影响，提高发射效率的第一栅极 G_1 和用于加速电子的第二栅极 G_2 以及收集电子的板极 A。

在充氩的弗兰克-赫兹管中,电子由热阴极发出,阴极 K 和第二栅极 G_2 之间的加速电压 U_{G2K} 使电子加速。在板极 A 和第二栅极 G_2 之间加有反向拒斥电压 U_{G2A}。管内空间电位分布如图 14-4 所示。当电子通过 KG_2 空间进入 G_2A 空间时,如果有较大的能量($\geqslant eU_{G2A}$),就能冲过反向拒斥电场而到达板极形成板极电流 I_A,被微电流计检出。如果电子在 KG_2 空间与氩原子碰撞,把自己一部分能量传给氩原子而使氩原子激发的话,电子本身所剩余的能量就很小,以致通过第二栅极后已不足于克服拒斥电场而被折回到第二栅极,这时,通过微电流计的电流将显著减小。

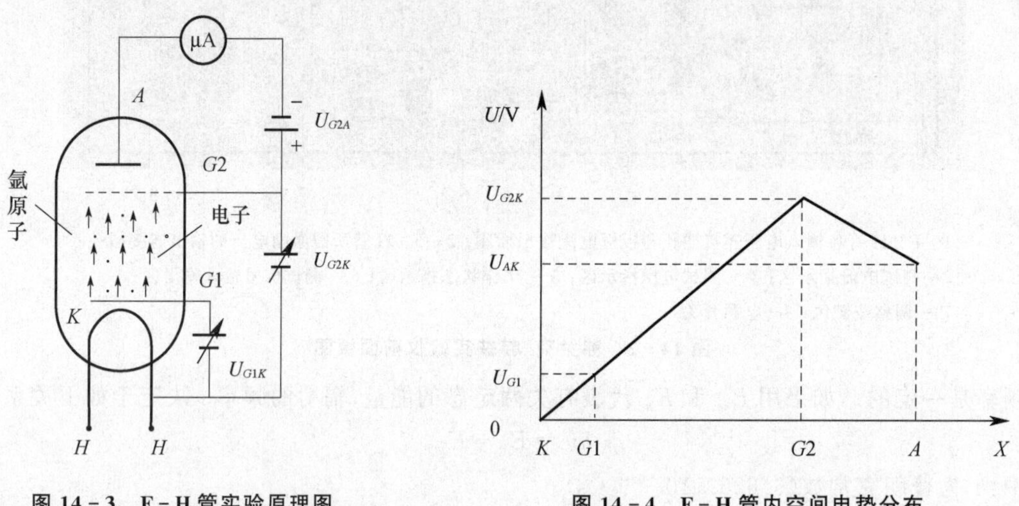

图 14-3 F-H 管实验原理图

图 14-4 F-H 管内空间电势分布

实验时,使 U_{G2K} 电压逐渐增加并仔细观察电流计的电流指示,如果原子能级确实存在,而且基态和第一激发态之间有确定的能量差的话,就能观察到如图 14-5 所示的 $I_A \sim U_{G2K}$ 曲线。

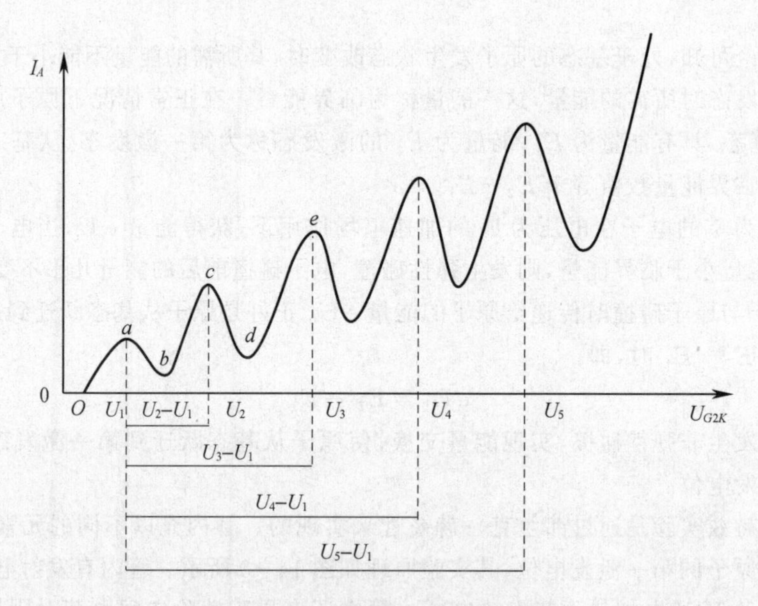

图 14-5 F-H 管的 $I_A - U_{G2K}$ 曲线

图 14－5 所示的曲线反映了氩原子在 KG_2 空间与电子进行能量交换的情况。当 KG_2 空间电压逐渐增加时，电子在 KG_2 空间被加速而取得越来越大的能量。但起始阶段，由于电压较低，电子的能量较小，即使在运动过程中它与原子相碰撞也只有微小的能量交换(为弹性碰撞)。穿过第二栅极的电子所形成的板极电流 I_A 将随第二栅极电压 U_{G2K} 的增加而增大(图 14－5 的 Oa 段)。图中 Oa 段前的 $0O$ 段电压是弗兰克—赫兹管的阴极 K 和栅极 G_2 之间由于存在接触电位差而出现的。图中的接触电位差 U_C 是正的，它使整个曲线向右平移。如果接触电位差 U_C 是负的，整个曲线向左平移。

当 KG_2 间的电压达到氩原子的第一激发电位 U_0 时，电子在第二栅极附近与氩原子相碰撞，将自己从加速电场中获得的全部能量交给原子，并且使氩原子从基态激发到第一激发态。而电子本身由于把全部能量给了氩原子，即使穿过了第二栅极也不能克服反向拒斥电场而被折回第二栅极(被筛选掉)。所以板极电流将显著减小(图 14－5 所示 ab 段)。随着第二栅极电压的增加，电子的能量也随之增加，在与氩原子相碰撞后还留下足够的能量，可以克服反向拒斥电场而达到板极 A，这时电流又开始上升(bc 段)。直到 KG_2 间电压是氩原子的第一激发电位的 2 倍时，电子在 KG_2 间又会因二次碰撞而失去能量，因而又会造成第二次板极电流的下降(cd 段)，同理，凡在：

$$U_{G2K}=nU_0 \quad (n=1,2,3,\cdots) \tag{14-2}$$

的地方板极电流 I_A 都会相应下跌，形成规则起伏变化的 I_A-U_{G2K} 曲线。而各次板极电流 I_A 下降相对应的阴极、栅极电压差 $U_{n+1}-U_n$ 应该是氩原子的第一激发电位 U_0。

本实验就是要通过实际测量来证实原子能级的存在，并测出氩原子的第一激发电位(公认值为 $U_0=11.5\text{V}$)。

实验内容与测量

1. 准备工作

(1) 按照图 14－6 所示，连接好各组工作电源线，仔细检查，确定无误。连接示波器，直观观察 I_A-U_{G2K} 的波形变化情况。

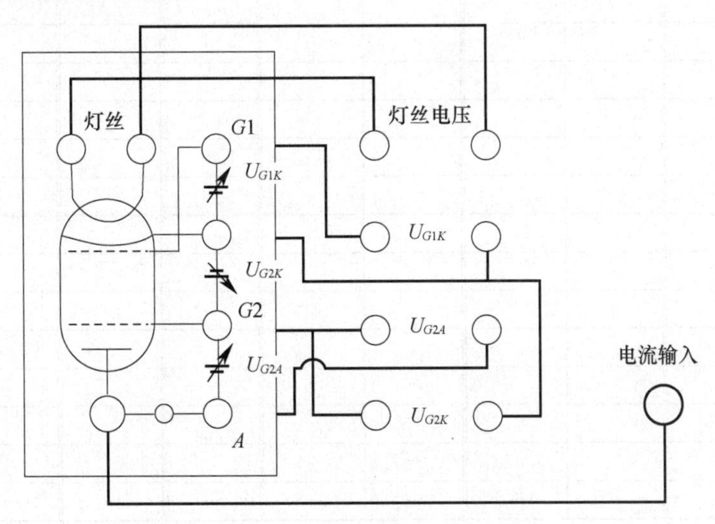

图 14－6　F－H 实验仪电源线路连接

(2) 打开电源,将实验仪预热 20～30 min。

(3) 检查开机后,仪器处于如下初始状态,确认仪器工作正常。

① 实验仪的“1 mA”电流档位指示灯亮,电流显示值为 0000(10^{-7}A)。

② 实验仪的“灯丝电压”档位指示灯亮,电压显示值为 000.0(V)。

③ “手动”指示灯亮。

2. 手动测试

(1) 按“手动/自动”键,将仪器设置为“手动”工作状态。

(2) 按下相应电流量程键,设定电流量程(参考机箱盖上提供的数据)。

(3) 用电压调节键“←→”调节位,“↑↓”键调节电压值的大小,设定灯丝电压 U_F、第一加速电压 U_{G1K}、拒斥电压 U_{G2A} 的值(设定值参考机箱盖上提供的数据)。

(4) 按下“U_{G2K}”档位键和“启动”键,实验开始。

用电压调节键“↑”,从 0.0 V 开始,按步长 0.5 V 的电压值增加电压 U_{G2K},并记录下 U_{G2K} 的值和对应的电流值 I_A,填入数据表格 14-1 中。同时可用示波器观察板极电流 I_A 随电压 U_{G2K} 的变化情况。

表 14-1 I_A-U_{G2K} 关系测定数据记录表

U_{G2K}/V	I_A/(10^{-7}A)	U_{G2K}/V	I_A/(10^{-7}A)	U_{G2K}/V	I_A/(10^{-7}A)	U_{G2K}/V	I_A/(10^{-7}A)	U_{G2K}/V	I_A/(10^{-7}A)
…	…	…	…	…	…	…	…	…	…

注意：为保证实验数据的唯一性，U_{G2K} 的值必须从小到大单向调节，不可在实验过程中反复；记录完成最后一组数据后，立即按下"启动"键将 U_{G2K} 电压快速归零。

(5) 测试结束，依据表14-1记录的数据作出 $I_A - U_{G2K}$ 曲线。

3. 自动测试

(1) 按"手动/自动"键，将仪器设置为"自动"工作状态。

(2) 参考机箱上提供的数据设置 U_F，U_{G1K}，U_{G2A}，U_{G2K}。

注意：U_{G2K} 设定终止值建议不超过80 V。

(3) 按下面板上"启动"键，自动测试开始，同时用示波器观察板极电流 I_A 随电压 U_{G2K} 的变化情况。

(4) 自动测试结束后，用电压调节键"←→"和"↑↓"键改变 U_{G2K} 的值，查阅并记录本次测试过程中 I_A 的峰值、谷值和对应的 U_{G2K} 值。

(5) 依据记录下的数据作出 $I_A - U_{G2K}$ 曲线。

(6) 自动测试或查询过程中，按下"手动/自动"键，则手动测试指示灯亮，实验仪原设置的电压状态被清除，面板按键全部开启，此时可进行下一次测试。

注意：可改变 U_F，U_{G1K}，U_{G2K} 的值，进行多次 $I_A - U_{G2K}$ 测试。各电压设置参数在参考数据附近变化，灯丝电压不宜过高。

数据处理

1. 将手动测试记录的数据，填入数据表格14-1中。

2. 依据记录的数据，在坐标纸上描绘 $I_A - U_{G2K}$ 关系曲线。

3. 依据下列公式，用逐差法计算氩原子的第一激发电位 U_0，并与理论值11.5 V比较，计算其相对误差 E。

$$\overline{U}_0 = \frac{(U_2 - U_1) + \dfrac{U_3 - U_1}{2} + \cdots + \dfrac{U_n - U_1}{n-1}}{n-1} \tag{14-3}$$

$$E = \frac{|\overline{U}_0 - U_0|}{U_0} \times 100\% \tag{14-4}$$

4. 求出接触电位差 U_C。

讨论题

1. 弗兰克-赫兹实验是采用什么方法，实现原子从低能级向高能级的跃迁？

2. 第一峰相应电位为何与第一激发电位有较大偏差？

3. 分析灯丝电压和拒斥电压对F-H实验曲线的影响。

结　论

通过对实验现象和实验结果的分析，你能得到什么结论？

[illegible]

[illegible]

[illegible]

[illegible]

[illegible]

[illegible]

实验15

电子电荷e值的测定

电子所带的电荷量是现代物理学重要的基本常数之一,对它的准确测定具有重要的意义。1883 年由法拉第提出的电解定律发现了电荷的不连续结构。1897 年英国的汤姆逊通过对阴极射线的研究,测定了电子的荷质比,从实验中发现了电子的存在,但一直没有准确测出电子的电量,只能确定电荷的数量级。1909 年美国芝加哥大学物理学家密立根通过对不同油滴所带电量的测量,总结出油滴所带的电量总是某一个最小固定值的整数倍,明确了电荷的量子化,并精确地测定了基本电荷 e 的数值,这个实验就是著名的密立根油滴实验。它采用了宏观的力学模式来研究微观世界的量子特性,从而认识电子的存在,证明电荷的不连续性。

实验目的

1. 通过带电油滴在重力场和静电场中运动的测量,验证电荷的“量子化”。
2. 掌握用平衡测量法测定电子的电荷量 e。
3. 学习密立根利用宏观量测量微观量的巧妙设计和构思。

实验仪器

ZKY－MLG－6 型 CCD 显微密立根油滴仪主要由主机、CCD 成像系统、油滴盒、监视器和喷雾器等部件组成,如图 15－1 所示。

图 15－1　密立根油滴实验仪

主机包括可控高压电源、计时装置、A/D 采样、视频处理等单元模块,如图 15－2 所示。电压调节旋钮可以调整极板之间的电压大小,用来控制油滴的平衡、下落及提升。计时“开始/结束”按键用来计时,“0 V/工作”按键用来切换仪器的工作状态,“平衡/提升”按键可以切换油滴平衡或提升状态,“确认”按键可以将测量数据显示在屏幕上,从而省去了每次测量完成后手工记录数据的过程。

CCD 模块及光学成像系统用来捕捉暗室中油滴的像,同时将图像信息传给主机的视频处理模块。实验过程中可以通过调焦旋钮来改变物距,使油滴的像清晰地呈现在 CCD 传感器的窗口内。

油滴盒是一个关键部件,具体构成如图 15－3 所示。

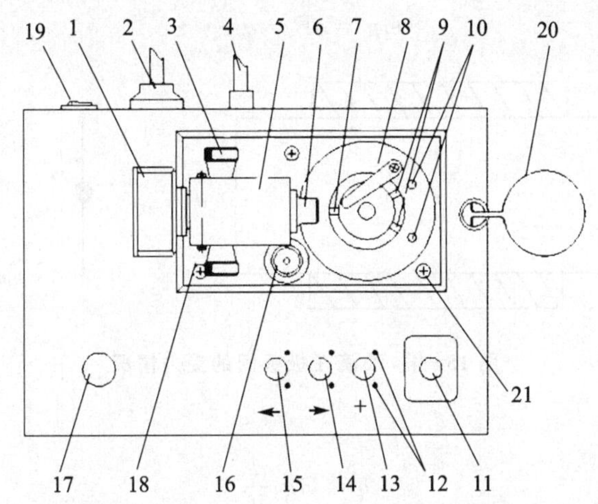

1—CCD盒；2—电源插座；3—调焦旋钮；4—Q9；视频接口；5—光学系统；6—镜头；7—观察孔；8—上极板压簧；9—进光孔；10—光源；11—确认键；12—状态指示灯；13—平衡/提升切换键；14—0V/工作切换键；15—计时开始/结束；16—水准泡；17—电压调节旋钮；18—紧定螺钉；19—电源开关；20—油滴管收纳盒安放环；21—调平螺钉

图15-2　主机部件结构图

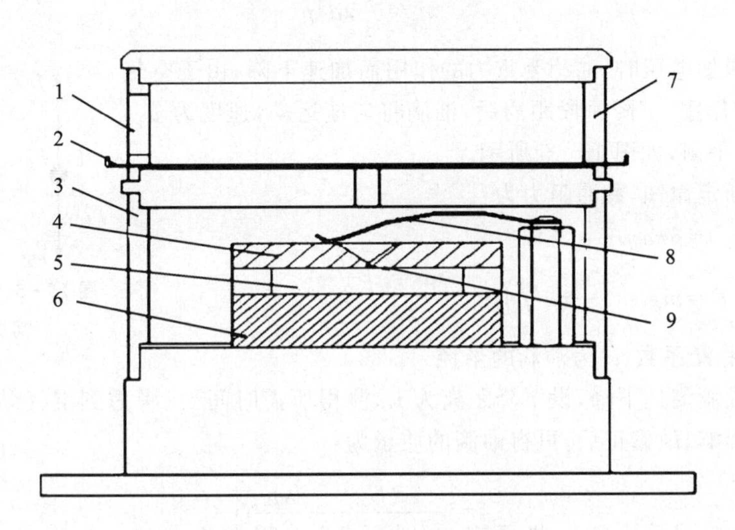

1—喷雾口；2—进油量开关；3—防风罩；4—上极板；5—油滴室；6—下极板；7—油雾杯；8—上极板压簧；9—落油孔

图15-3　油滴盒装置示意图

实验原理

静态平衡测量法

用喷雾器将油喷入两块相距为d的水平放置的平行极板之间，油在喷射时由于摩擦，一般都是带电的。设油滴的质量为m，所带电量为q，两极板间所加的电压为V，则油滴在平行极板间将同时受到两个力的作用，一个是重力mg，一个是静电力qE，两力方向如图15-4所示。如果调节两极板间的电压，可使两力达到平衡，此时

$$mg = qE = q\,\frac{V}{d} \tag{15-1}$$

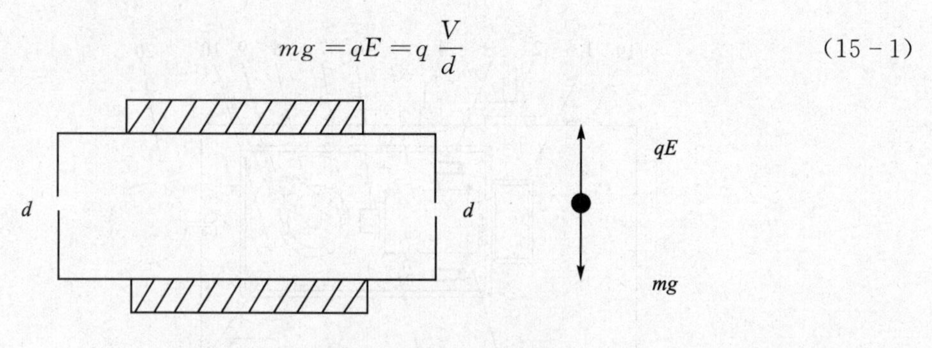

图 15-4　油滴在极板间的受力情况

则:

$$q = mg\,\frac{d}{V} \tag{15-2}$$

可见测出了 V、d、m,即可知道油滴的带电量 q。由于 m 很小,必须采用特殊的方法才能加以测定。

油滴质量 m 的测定,设油滴密度为 ρ,则:

$$m = \frac{4}{3}\pi a^3 \rho \tag{15-3}$$

在平行板未加电压时,油滴受重力的作用而加速下降,由于空气黏滞阻力 f_r 的作用,下降一段距离后,油滴将匀速运动,速度为 v_g,此时 f_r 与 mg 平衡,如图 15-5 所示。

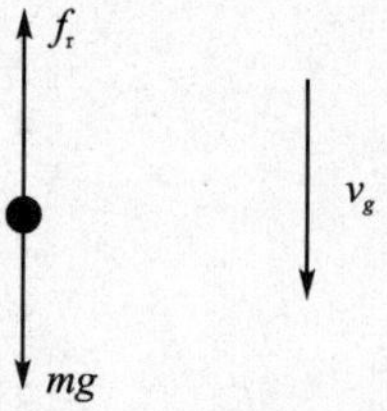

图 15-5　油滴下降受力情况示意图

由斯托克斯定律知,黏滞阻力为:

$$\left.\begin{aligned} f &= 6\pi a \eta v_g \\ f &= mg = \left(\frac{4}{3}\pi a^3 \rho\right) g \end{aligned}\right\} \Rightarrow a = \sqrt{\frac{9\eta v_g}{2\rho g}} \tag{15-4}$$

式中:η 为空气黏滞系数;a 为油滴的半径。

实验中让油滴匀速下降,设下降距离为 L,测得所需时间 t_g,考虑到空气黏滞系数对半径较小的油滴的影响,故修正后,可得油滴的质量为:

$$m = \frac{4\pi}{3}\left[\frac{L}{t_g\left(1+\dfrac{b}{pa}\right)}\,\frac{9\eta v_g}{2\rho g}\right]^{\frac{3}{2}} \rho \tag{15-5}$$

式中:修正常数 $b = 6.17\times10^{-6}$ m/cmHg;p 为大气压强,单位为 cmHg。

匀速下降速度

$$v_g = \frac{L}{t_g} \tag{15-6}$$

则

$$q = \frac{18\pi}{\sqrt{2\rho g}}\left[\frac{\eta L}{t_g\left(1+\dfrac{b}{pa}\right)}\right]^{\frac{3}{2}} \frac{d}{V} \tag{15-7}$$

对于同一颗油滴，如果改变它所带的电量，则能够使油滴达到平衡的电压必须是某些特定的值 U_n，这就表示与它相对应的电量是不连续的，即

$$q_n = ne = mg\frac{d}{U_n} \tag{15-8}$$

式中：$n=\pm1,\pm2,\cdots$，而 e 则是一个不变的值。

对于不同的油滴，可以发现有同样的规律，而且 e 值是 $q_1,q_2,\cdots,q_n$ 的最大公约数，这就证明了电荷的不连续性，并存在着最小的电荷单位，即电子的电荷值 e。

实验内容与步骤

1. 调整仪器

(1) 水平调整。

调整实验仪主机的调平螺钉旋钮(俯视时，顺时针平台降低，逆时针平台升高)，直到水准泡正好处于中心(注：严禁旋动水准泡上的旋钮)。

将实验平台调平，使平衡电场方向与重力方向平行以免引起实验误差。(极板平面是否水平决定了油滴在下落或提升过程中是否发生左右的漂移。)

(2) 喷雾器调整。

将少量钟表油缓慢地倒入喷雾器的储油腔内，使钟表油湮没油管下方，油不要太多，以免实验过程中不慎将油倾倒至油滴盒内堵塞落油孔。将喷雾器竖起，用手挤压气囊，使得提油管内充满钟表油。

(3) CCD 成像系统调整。

打开进油量开关，从喷雾口喷入油雾，此时监视器上应该出现大量运动油滴的像。若没有看到油滴的像，则需调整调焦旋钮或检查喷雾器是否有油雾喷出。

2. 选择适当的油滴并练习控制油滴(平衡法)

(1) 选择合适的油滴。

根据油滴在电场中受力平衡公式$\frac{qv}{d}=\frac{4\pi r^3\rho g}{3}$以及多次实验的经验，当油滴的实际半径在 0.5～1 μm 时最为适宜。若油滴过小，布朗运动影响明显，平衡电压不易调整，时间误差也会增加；若油滴过大，下落太快，时间相对误差增大，且油滴带多个电子的几率增加，合适的油滴最好带 1～5 个电子。

操作方法：3 个参数设置按键分别为“结束”“工作”“平衡”状态，平衡电压调为 200～300 V。喷入油滴，调节调焦旋钮，使屏幕上显示大部分油滴，可见带电多的油滴迅速上升出视场，不带电的油滴下落出视场，约 10 s 后油滴减少。选择那种上升缓慢的油滴作为暂时的目标油滴，切换“0 V/工作”键，这时极板间的电压为 0 V，在暂时的目标油滴中选择下落速度为 0.2～0.5 格/s 的油滴作为最终的目标油滴，调节调焦旋钮使该油滴最小最亮。

(2) 平衡电压的确认。

目标油滴聚焦到最小最亮后，仔细调整平衡时的“电压”使油滴平衡在某一格线上，等待一段时间(大约两分钟)，观察油滴是否飘离格线。若油滴始终向同一方向飘离，则需重新调整平衡电压；若其基本稳定在格线或只在格线上下做轻微的布朗运动，则可以认为油滴达到了力学平衡，这时的电压就是平衡电压。

(3) 控制油滴的运动。

将油滴平衡在屏幕顶端的第一条格线上,将工作状态按键切换至“0 V”,绿色指示灯点亮,此时上、下极板同时接地,电场力为零,油滴在重力、浮力及空气阻力的作用下,作下落运动。油滴是先经一段变速运动,然后变为匀速运动,但变速运动的时间非常短(小于0.01 s,与计时器的精度相当),所以可以认为油滴是立即匀速下落的。当油滴下落到有0标记的格线时,立刻按下“计时”键,计时器开始记录油滴下落的时间;待油滴下落至有距离标志(1.6)的格线时,再次按下计时键,计时器停止计时,此时油滴停止下落。“0V/工作”按键自动切换至“工作”,“平衡/提升”按键处于“平衡”,可以通过“确认”键将此次测量数据记录到屏幕上。将“平衡/提升”按键切换至“提升”,这时极板电压在原平衡电压的基础上增加约200 V的电压,油滴立即向上运动,待油滴提升到屏幕顶端时,切换至“平衡”,找平衡电压,进行下一次测量。每颗油滴共测量5次,系统会自动计算出这颗油滴的电荷量。

3. 正式测量

选用平衡法,实验前仪器必须调水平。

(1) 开启电源,进入实验界面将工作状态按键切换至“工作”,红色指示灯点亮;将“平衡/提升”按键置于“平衡”。

(2) 将平衡电压调整为300 V左右,通过喷雾口向油滴盒内喷入油雾,此时监视器上将出现大量运动的油滴。选取合适的油滴,仔细调整平衡电压U,使其平衡在起始(最上面)格线上。

(3) 将“0V/工作”状态按键切换至“0V”,此时油滴开始下落,当油滴下落到有“0”标记的格线时,立即按下计时开始键,计时器启动,开始记录油滴的下落时间t。

(4) 当油滴下落至有距离标记的格线时(如1.6),立即按下计时结束键,计时器停止计时,油滴立即静止,“0V/工作”按键自动切换至“工作”。通过“确认”按键将这次测量的“平衡电压和匀速下落时间”结果同时记录在监视器屏幕上。

(5) 将“平衡/提升”按键置于“提升”,油滴将向上运动,当回到高于有“0”标记格线时,将“平衡/提升”键切换至平衡状态,油滴停止上升,重新调整平衡电压。

(6) 重复步骤(3)(4)(5),并将数据(平衡电压V及下落时间t)记录到屏幕上。当5次测量完成后,按“确认”键,系统将计算5次测量的平均平衡电压$\bar{U}$和平均匀速下落时间$\bar{t}$,并根据这两个参数自动计算并显示出油滴的电荷量q。

(7) 重复(2)到(6)步,共找5颗油滴,并测量每颗油滴的电荷量q_i。完成表15-1。

表15-1 油滴平衡电压及时间

序号	平衡电压/V	下落时间 t/s
1		
2		
3		
4		
5		
平均值		

实验内容与测量

(1) 测量5颗油滴,记录每颗油滴的电荷量 q_i,将 q_i 代入$\frac{q_i}{e_{理论}}$式中,其结果四舍五入取整后得到每颗油滴所带电子个数 n_i。

(2) 将上式中得到的 n_i 代入式$\frac{q_i}{n_i}=e_i$ 中得到每次测量的基本电荷,再求出 n 次测量的结果$\bar{e}$:

$$\bar{e}=\underline{\qquad\qquad}\mathrm{C}$$

(3) $\bar{e}$ 与理论值($e=1.602\times10^{-19}$ 库仑)比较,求出相对误差。

相对误差:$E=\frac{|\bar{e}-e_{理}|}{e_{理}}\times100\%=\underline{\qquad\qquad}\%$

讨论题

1. 为什么实验前要先调水平?
2. 什么样的油滴是合适的?
3. 对油滴进行测量时,油滴有时会变模糊,为什么?

注意事项

1. CCD盒、紧定螺钉、摄像镜头的机械位置不能变更,否则会对像距及成像角度造成影响。
2. 仪器使用环境:温度为(0～40 ℃)的静态空气中。
3. 注意调整进油量开关,应避免外界空气流动对油滴测量造成影响。
4. 仪器内有高压,禁止用手接触电极。
5. 实验前应对仪器油滴盒内部进行清洁,防止异物堵塞落油孔。
6. 注意仪器的防尘保护。

结　论

通过对实验现象和实验结果的分析,你能得到什么结论?

附:平衡法系统参数

原理公式

$$q=9\sqrt{2}\pi d\left[\frac{(\eta s)^3}{(\rho_1-\rho_2)g}\right]^{\frac{1}{2}}\frac{1}{U}\left(\frac{1}{t}\right)^{\frac{3}{2}}\left[\frac{1}{1+\frac{b}{pr}}\right]^{\frac{3}{2}}$$

式中:r 为油滴半径 $r=\left[\frac{9\eta s}{2g(\rho_1-\rho_2)t}\right]^{\frac{1}{2}}$;$d$ 为极板间距 $d=5.00\times10^{-3}$ m;η 为空气黏度 $\eta=1.83\times10^{-5}$ kg/(m·s);s 为下落距离,依设置,默认 $s=1.6$ mm;ρ_1 为钟表油密度 $\rho_1=981$ kg/m^3(20 ℃);ρ_2 为空气密度 $\rho_2=1.292\ 8$ kg/m^3(标准状况下);g 为重力加速度 $g=$

$9.801\ m/s^2$(天津);b 为修正常数 $b=8.23\times10^{-3}N/m(6.17\times10^{-6}m\cdot cmHg)$;$p$ 为标准大气压强 $p=101\ 325\ Pa(76.0\ cmHg)$;$U$ 为平衡电压;t 为油滴匀速下落时间。

注:

① 由于油的密度远远大于空气的密度,即 $\rho_1\gg\rho_2$,因此 ρ_2 相对于 ρ_1 来讲可忽略不计(当然也可代入计算)。

② 标准状况是指大气压强 $p=101\ 325$ Pa,温度 $W=20℃$,相对湿度 $\phi=50\%$的空气状态。实际大气压强可由气压表读出,温度可由温度计读出。

③ 油的密度随温度变化关系如下:

W/℃	0	10	20	30	40
$\rho/(kg\cdot m^{-3})$	991	986	981	976	971

④ 一般来讲,流体黏度受压强影响不大,当气压从 1.01×10^5 Pa 增加到 5.07×10^6 Pa 时,空气的黏度只增加 10%,在工程应用中通常忽略压强对黏度的影响。温度对气体黏度有很强的影响。

气体黏度可用苏士兰公式来表示

$$\frac{\mu}{\mu_0}=\frac{\left(\frac{T}{T_0}\right)^{\frac{3}{2}}(T_0+T')}{T+T'}$$

式中:μ_0 是绝对温度 T_0 的动力黏度,通常取 $T_0=273$ K 时的黏度,$\mu_0=1.71\times10^{-5}kg/(m\cdot s)$;常数 n 和 T'通过数据拟合得出,对于空气,$n=0.7$,$T'=110$ K。

实验16

微波光学实验

1864年,英国科学家麦克斯韦在总结前人研究电磁现象的基础上建立了完整的电磁波理论,并且断定电磁波的存在;1887年德国物理学家赫兹利用实验证实了电磁波的存在。常见的电磁波按频率由低到高排列顺序为:无线电波<微波<红外线<可见光<紫外光<X射线<γ射线。

微波是频率在0.3~300 GHz之间的电磁波,波长为1 mm~1 m。作为电磁波的一种,微波被广泛应用,从雷达到电磁炉,从计算机显示器到电视信号都是微波。随着科学技术的发展,微波正在信息技术、通信、医疗、军事、勘测等领域发挥着越来越重要的作用。

微波作为一种电磁波,与光波一样具有波粒二象性,能产生反射、折射、干涉和衍射等现象,因此用微波作波动实验与用光作波动实验所说明的波动现象及规律是一致的。由于微波的波长比光波的波长在数量级上至少相差一万倍,因此用微波来做波动实验比光学实验更直观、方便和安全。微波的基本性质通常还呈现出穿透、吸收、反射三个特性。对于玻璃、塑料和瓷器,微波几乎是穿透而不被吸收;水和食物等物质会吸收微波而使自身发热;对金属类物质,则会反射微波。

实验目的

1. 学习用迈克尔逊干涉法及双缝干涉法测微波波长。
2. 学会用微波分光仪做单缝衍射实验。
3. 了解布拉格衍射观察晶体结构。
4. 学习如何分析和消除系统误差。

实验仪器

ZKY-WB-2型微波分光仪。主要由发射器组件、接收器组件、平台、支架四部分组成。其仪器部件如图16-1所示。

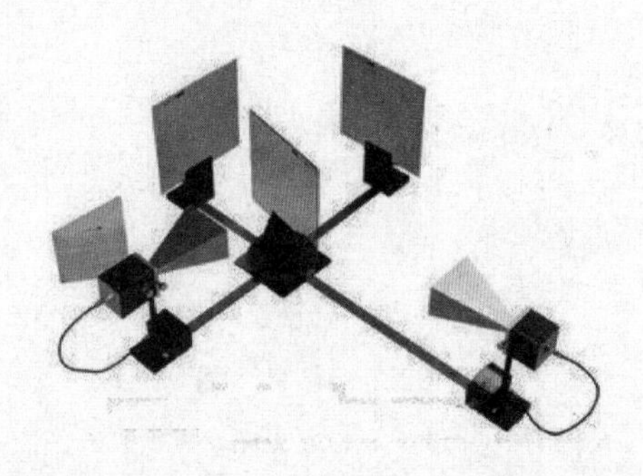

图16-1 ZKY-WB-2型微波分光仪示意图

1. 发射器组件

组成部分:缆腔换能器、谐振腔、隔离器、衰减器、喇叭天线、支架及微波信号源。其中微波信号源输出微波中心频率10.5 GHz±20 MHz,波长2.855 17 cm,功率15 MW,频率稳定度可达2×10^{-4},幅度稳定度为10^{-2},这种微波源相当于光学实验中的单色光束,将电缆中的微波电流信号转换为空中的电磁场信号。喇叭天线的增益大约是20 dB,波瓣的理论半功率点宽度大约为:H面20°,E面16°。当发射喇叭口面的宽边与水平面平行时,发射信号电矢量的偏振方向是垂直的。

2. 接收器组件

组成部分：喇叭天线、检波器、支架、放大器和电流表。检波器将微波信号变为直流或低频信号。放大器分三个挡位，分别为×1 档、×0.1 档和×0.02 档，可根据实验需要来调节放大器倍数，以得到合适的电流表读数。在读数时，实际电流值等于读数值乘以所在挡位的系数。

3. 平　台

组成部分：中心平台和四根支撑臂等。其中，中心平台上刻有角度，直径为 20 cm，3 号臂为固定臂，用于固定微波发射器，1 号臂为活动臂，可绕中心做±160°旋转，用于固定微波接收器，剩下两臂可以拆除。

4. 支　架

组成部分：一个中心支架和两个移动支架，不用时可以拆除。中心支架一般放置在中心平台上，移动支架一般固定在支撑臂上。

实验原理

1. 用迈克尔逊干涉法测量微波波长

迈克尔逊干涉将单波分裂成两列波，透射波经再次反射后和反射波叠加形成干涉条纹。迈克尔逊干涉仪的结构如图 16-2 所示。

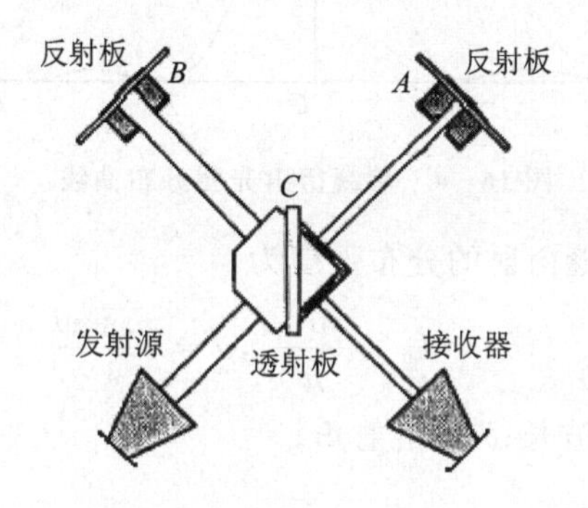

图 16-2　迈克尔逊干涉结构图

A 和 B 是反射板(全反射)，C 是透射板(部分反射)。从发射源发出的微波经两条不同的光路入射到接收器。一部分经 C 透射后射到 A，经 A 反射后再经 C 反射进入接收器。另一路分波从 C 反射到 B，经 B 反射回 C，最后透过 C 进入接收器。

若两列波同相位，接收器将探测到信号的最大值。移动任一块反射板，改变其中一路光程，使两列波不再同相，接收器探测到信号就不再是最大值。若反射板移过的距离为 $\lambda/2$，光程将改变一个波长，相位改变 360°，接收器探测到的信号出现一次最小值后又回到最大值。

因此，可以通过反射板(A 或 B)改变的距离来计算微波波长，计算公式为：

$$\Delta d = N\frac{\lambda}{2} \Rightarrow \lambda = \frac{2\Delta d}{N} \tag{16-1}$$

式中：Δd 为反射板改变的距离；N 为出现接收到信号幅度最小值的次数。

2. 微波的单缝衍射

当一平面微波入射到一宽度和微波波长可比拟的一狭缝时，在缝后就要发生如光波一般的衍射现象,如图 16-3 所示。

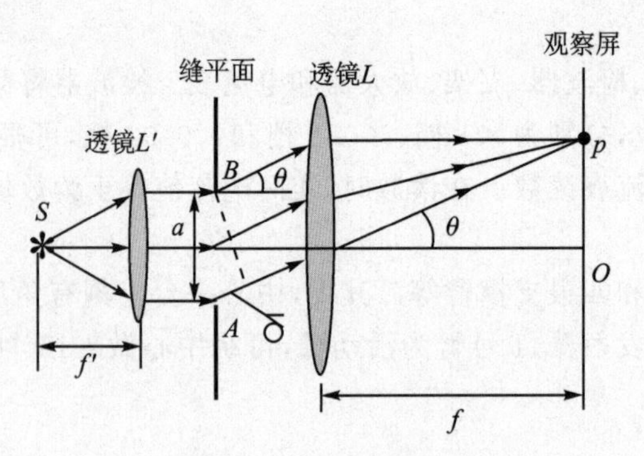

S—单色线光源;$\overline{AB}=a$:缝宽;θ—衍射角。

图 16-3　单缝衍射

同样中央零级最强,也最宽,在中央的两侧衍射波强度将迅速减小。根据光的单缝衍射公式推导可知,如为一维衍射,微波单缝衍射的强度分布规律如图 16-4 所示。

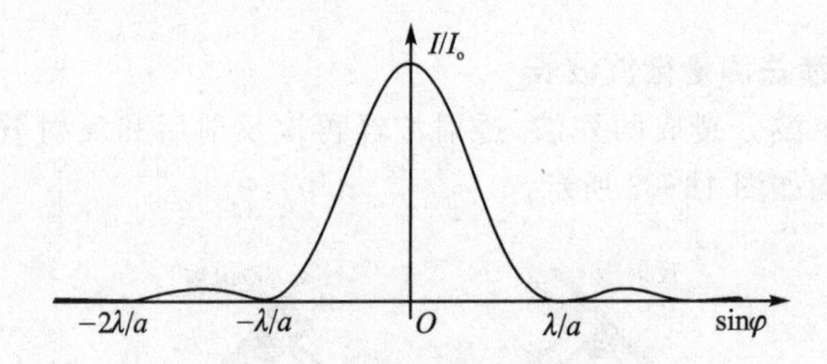

图 16-4　单缝衍射光强分布曲线

根据波动光学的结果,单缝衍射的分布强度为:

$$I(\theta)=I_0\times\frac{\sin^2\mu}{\mu^2},\mu=\frac{\pi a\sin\theta}{\lambda} \tag{16-2}$$

式中:a 为单缝宽度;λ 为微波波长;θ 为衍射角。

3. 双缝干涉

当一平面微波垂直入射到一块开有两条狭缝的铝板时,在缝后就要发生如光波一般的衍射现象。

两束传播方向不一致的波相遇将在空间相互叠加,形成类似驻波的波谱,在空间某些点上形成极大值或极小值。电磁波通过两狭缝后,就相当于两个波源在向四周发射,对接收器来说就等于是两束传播方向不一致的波相遇。

双缝板外波束的强度随探测角度的变化而变化。两缝之间的距离为 d,接收器距双缝屏的距离大于 $10d$,当探测角 θ 满足 $d\sin\theta=n\lambda$ 时会出现最大值(其中 λ 为入射波的波长,n 为整数),如图 16-5 所示。

实验中用到的双缝板的两条缝宽均为 15 mm,中间缝屏的宽度为 50 mm。

4. 微波的布拉格衍射

由结晶物质构成的,其内部的构造质点(如原子、分子)呈平移周期性规律排列的固体叫做晶体。任何的真实晶体都具有自然外形和各向异性的性质,这和晶体的离子、原子或分子在空间按一定的几何规律排列密切相关。晶体内的离子、原子或分子占据着点阵的结构,两相邻结

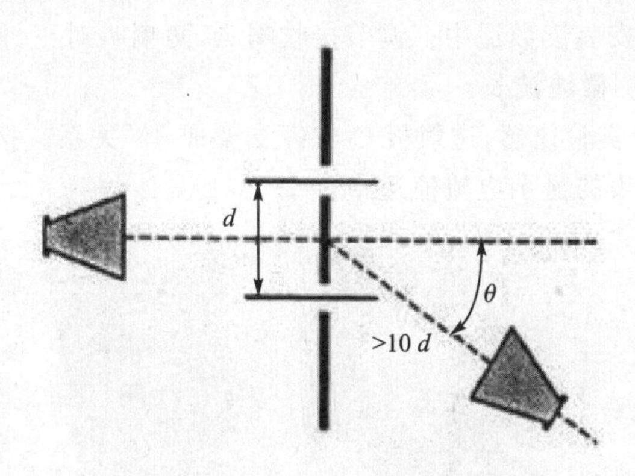

图 16－5　双缝干涉示意图

点的距离叫晶体的晶格常数 d。真实晶体的晶格常数约为 10^{-8} cm 的数量级。X 射线的波长与晶体常数属于同一数量级，X 光通过晶体时能产生明显的衍射现象，实际上晶体是起着衍射光栅的作用。因此可以利用 X 射线在晶体点阵上的衍射现象来研究晶体点阵的间距和相互位置的排列，以达到对晶体结构的了解。

1913 年，英国物理学家布拉格父子在研究 X 射线在晶面上的反射时，得到了著名的布拉格公式。本实验是仿照 X 射线入射真实晶体发生衍射的基本原理，用金属球制作了一个方形点阵的模拟晶阵，“晶格常数”d 设定为 5 cm，用微波代替 X 射线。将微波射向模拟晶阵，观察从不同晶体点阵面反射的微波相互干涉所需要的条件：布拉格方程 $2d\sin\theta=n\lambda$。

布拉格定律将晶体的晶面间距和 X 射线衍射角联系起来研究晶体结构。在本实验中用一个面间距为 5 cm、直径 1 cm 的金属球组成的模拟立方“晶体”来验证布拉格定律，布拉格衍射的示意图如图 16－6 所示。

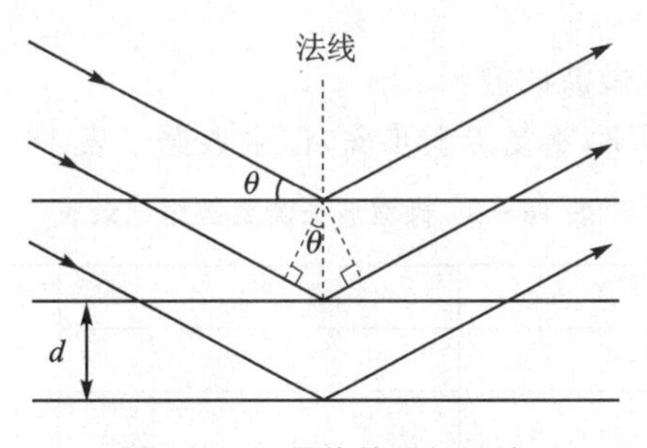

图 16－6　晶体的面间干涉

实验前，应先了解布拉格衍射的原理。特别是入射波必须满足两个条件，即

(1) 入射角等于反射角；

(2) 布拉格公式 $2d\ \sin\theta=n\lambda$。

式中：d 为晶面间距；θ 为掠射角（声学上定义入射线或反射线与反射面之间的夹角为掠射角）；n 为正整数；λ 为入射波波长。

实验内容与测量

将微波分光仪的工作电流选择在预热档，接通电源，预热 20 min。然后拨向等幅档，调整工作电流及衰减器,使微安表读数适中。调节接收喇叭,两喇叭对正,使之接收信号最大。

1. 迈克尔逊干涉法测微波波长

(1) 如图16-7布置实验仪器,透射板C与各支架成45°关系。接通电源,调节电流表挡位及衰减器强弱,使电流表的显示电流值适中。

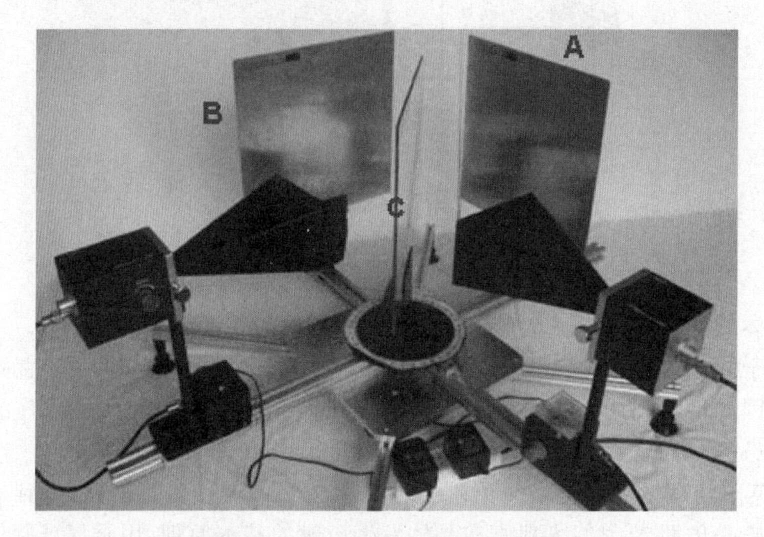

图16-7 迈克尔逊干涉实验实物图

(2) 移动反射板A,观察电流表读数变化,当电流表上数值最大时,记下反射板A所处位置刻度X_1。

(3) 向外(或内)缓慢移动A,注意观察电流表读数变化,当电流表读数出现至少10个最小值并再次出现最大值时停止,记录这时反射板A所处位置刻度X_2,并记下经过的最小值次数N。

(4) 根据上面公式,计算微波的波长。

(5) A不动,移动反射板B,重复以上步骤,记录数据于表16-1中。

表16-1 微波波长测量数据记录表

测量次数	X_1/cm	X_2/cm	$\Delta d=\lvert X_1-X_2\rvert$	N	λ/cm	$\bar{\lambda}$/cm	相对误差
1							
2							
3							
4							

2. 单缝衍射测衍射强度与衍射角的关系

(1) 将固定臂和活动臂的指针分别指向180°和0°线处。

(2) 装上单缝板,使其表面与圆盘上的90°线重合,缝宽控制在70 mm。

(3) 衍射角从0°开始,转动活动臂,每隔2°记录一次表头读数于表16-2中,做到50°为止,左右各一次。

表 16－2 单缝衍射强度与衍射角的关系

测量度数/(°)	表头左	表头右	一级极大	一级极小	相对误差
0					
2					
4					
6					
8					
10					
12					
14					
16					
18					
20					
22					
24					
26					
28					
30					
32					
34					
36					
38					
40					
42					
44					
46					
48					
50					

画出单缝衍射强度与衍射角的关系曲线，求出一级极大和一级极小，并且与理论计算出来的相应角度进行比较。

3. 双缝干涉计算微波波长

(1) 如图 16－8 布置实验仪器，将发射器和接收器分别安置在固定臂和活动臂上，发射器和接收器都处于水平偏振状态(喇叭宽边与地面平行)，初始位置时活动臂刻线与 180°对齐。发射器距离中心平台约 35 cm，接收器到中心平台距离大于 650 mm。打开电源，电流表调节在合适挡位，记录初始位置的电流值于表 16－3 中。

(2) 缓慢转动活动支架，找出电流表取最大、最小值时对应的角度并每隔 5°(或其他角度，可自己设定)记录对应电流值于表中，绘制接收电流随转角变化的曲线图，分析实验结果，计算微波的波长及误差。

图16-8 双缝干涉实物图

表16-3 电流随转角变化关系

初始条件:接收器距离中心点位置为______mm;顺时针为正,逆时针为负。											
活动臂转角/(°)	0	5	10	15	20	25	30	35	40	45	50
电流值/μA											
活动臂转角/(°)	0	−5	−10	−15	−20	−25	−30	−35	−40	−45	−50
电流值/μA											

4. 布拉格衍射研究晶体结构

(1) 如图16-9布置实验仪器,接通电源。

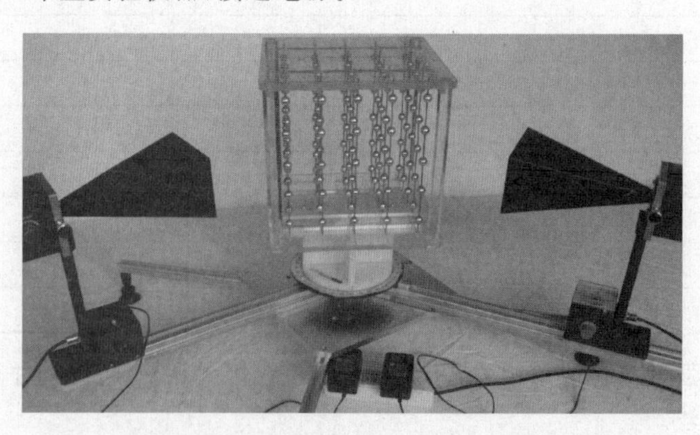

图16-9 布拉格衍射实验实物图

(2) 先让晶体平行于微波光轴,即接收器置于180°处,晶阵座上的指示线与90°对齐,此时的掠射角θ为0°。

(3) 顺时针旋转晶体,使掠射角增大到20°,反射方向的掠射角也对应改变为20°(此时晶体座对应刻度为70°,活动臂中心刻度线对应为同方向140°)。调节衰减器强弱及电流表的挡位开关,使电流表的显示电流值适中(1/2量程,可自行调整),记下该值。

(4) 然后顺时针旋转晶体座1°(即掠射角增加1°),接收器活动臂顺时针旋转2°(使反射角等于入射角)，记录掠射角角度和对应电流表读数。

(5) 重复步骤(4)，记录掠射角从 20°～70°之间的数值于表 16－4 中。

(6) 作接收信号强度对掠射角的函数曲线，根据曲线找出极大值对应的角度。根据布拉格方程计算模拟晶阵的晶面间距，并计算晶面间距测量值与实际值之间的误差。

表 16－4　电流和掠射角之间的关系

掠射角	20°	21°	22°	23°	24°	25°	26°
$I/\mu A$							
掠射角	27°	28°	29°	30°	31°	32°	33°
$I/\mu A$							
掠射角	34°	35°	36°	37°	38°	39°	40°
$I/\mu A$							
掠射角	41°	42°	43°	44°	45°	46°	47°
$I/\mu A$							
掠射角	48°	49°	50°	51°	52°	53°	54°
$I/\mu A$							
掠射角	55°	56°	57°	58°	59°	60°	61°
$I/\mu A$							
掠射角	62°	63°	64°	65°	66°	67°	68°
$I/\mu A$							
掠射角	69°	70°					
$I/\mu A$							

数据处理

1. 采用迈克尔逊干涉实验时，计算微波波长。
2. 通过光的干涉实验时，计算微波波长。
3. 计算立方晶阵晶面间距。

注意事项

1. 将两个喇叭的方向对正，发射和接收喇叭方向不正将严重影响实验结果，务必小心不可碰歪。

2. 做“布拉格衍射”实验前应仔细将模拟晶体排成方形点阵，并将小球调整到规则位置。

3. 测峰值时，注意峰值是否超过量程。

讨论题

1. 准备实验前,为什么必须将两喇叭天线对正?如果不对正,对实验结果将产生什么影响?

2. 在布拉格衍射实验中,为什么要左右各测一次数据取平均值?

3. 试设计用微波相干仪测量不透明介质的折射率。

结 论

通过实验,你能得出什么结论?

实验17

光的干涉——分振幅干涉

大学物理实验(第2版)

光的干涉现象是光的波动性的一种表现，是光的波动学说建立的重要实验基础。根据相干光源的获得方式可以将干涉分为两大类:分波面干涉和分振幅干涉。牛顿环和空气劈尖都是分振幅干涉，也是典型的等厚干涉。牛顿环干涉现象是牛顿在 1675 年发现的，但他主张光的微粒学说未能对这个现象作出正确的解释。直到 19 世纪初，英国科学家托马斯·杨才用光的波动说圆满地解释了牛顿环实验。

光的干涉现象在科学研究和工业技术上都有着广泛的应用。如测量光波波长、测量透镜表面曲率半径、测量微小物体的厚度、检验光学元件表面平整度、测量液体折射率、半导体技术中镀膜层厚度的测量等。

实验目的

1. 掌握读数显微镜的使用方法。
2. 用牛顿环装置测量平凸透镜曲率半径。
3. 用空气劈尖装置测量薄膜的厚度。

实验仪器

钠光灯、JXD－B 读数显微镜、牛顿环、空气劈尖、待测样品(自备)。

读数显微镜的结构如图 17－1 所示。

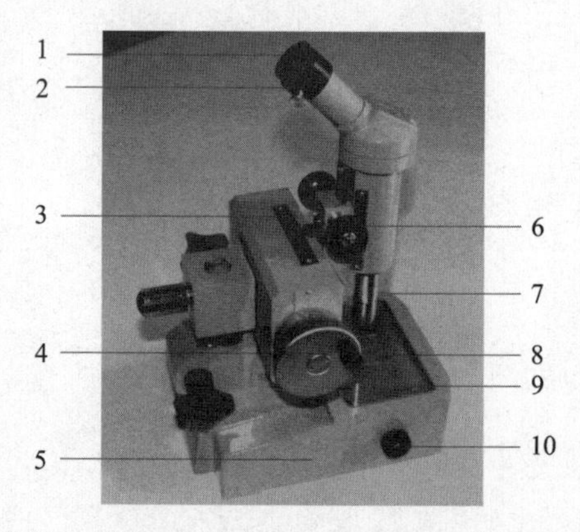

1—目镜；2—目镜止动螺钉；3—长标尺；4—测微手轮；5—底座；6—调焦手轮；7—物镜及半透半反镜；8—弹簧压片；9—载物台；10—平面镜转动旋钮

图 17－1　读数显微镜的结构示意图

实验原理

1. 牛顿环

将一个曲率半径很大的凸透镜放在光学平玻璃板上，凸透镜的凸面向下就形成了牛顿环。凸透镜和玻璃板之间形成一空气薄层，空气层的厚度从接触点 O 向周围逐渐增加，如图 17－2 所示。

当波长为 λ 的单色光垂直入射时，光分别在空气薄膜的上下表面反射，两束反射光在空气薄膜上表面相遇。由于两束反射光的光程不同，从而产生如图 17－3 所示的干涉条纹。牛顿环的干涉条纹是一组以接触点 O 为圆心的同心圆环，环中心为一暗斑，条纹从里向外越来越密，空气薄膜厚度相同处形成同一级干涉条纹，即等厚干涉条纹。

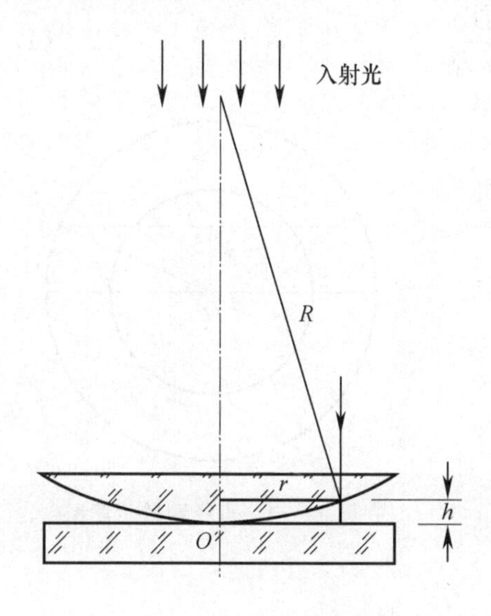

图 17－2　牛顿环装置

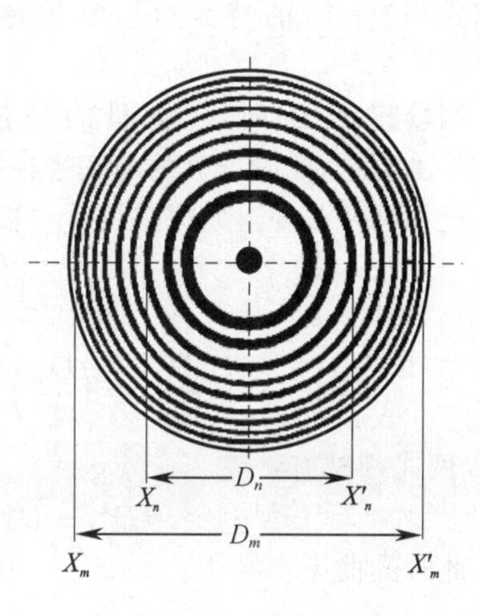

图 17－3　牛顿环干涉条纹

牛顿环中，空气薄膜上、下表面反射光的光程差为：

$$\delta = 2h + \frac{\lambda}{2} \tag{17-1}$$

式中：h 为与牛顿环中心 O 距离为 r 处空气膜的厚度。$\frac{\lambda}{2}$ 是光由光疏介质到光密介质的界面上反射产生的附加光程差。光程差随空气膜厚度 h 改变而改变，所以同一条干涉条纹对应的空气膜厚度相同。

设 R 为凸透镜的曲率半径，r_k 为第 k 级暗环的半径，由图 17－2 中的几何关系可得：

$$r_k^2 = R^2 - (R-h)^2$$

由于 $h \ll R$，故：

$$r_k^2 \approx 2Rh \tag{17-2}$$

由暗环干涉条件：

$$\delta = (2k+1)\frac{\lambda}{2} \tag{17-3}$$

联立式(17－1)、式(17－2)、式(17－3)可以得到：

$$r_k^2 = kR\lambda \tag{17-4}$$

由上式可知，在入射光波长 λ 已知的情况下，测出任意级数 k 对应的暗环半径 r_k 就可以计算出凸透镜的曲率半径 R。

由于玻璃的弹性形变、空气膜中有杂质等原因，可能使光程改变进而导致条纹形状改变甚至使干涉环中心不是暗斑而是亮斑。再加上中心暗斑的圆心不易确定，难以准确地确定级数 k 及干涉的环心 O。只测一组数据，用上式计算曲率半径误差过大。实验过程中测定不同环数 m、n 对应的暗环直径 D_m、D_n（图 17－3）。将 D_m、D_n 代入式(17－4)得：

$$D_m^2 = 4mR\lambda \tag{17-5}$$

$$D_n^2 = 4nR\lambda \tag{17-6}$$

两式相减整理得:

$$R = \frac{D_m^2 - D_n^2}{4(m-n)\lambda} \tag{17-7}$$

根据式(17-7)的特点可以利用逐差法计算曲率半径。

测量直径 D 时,若测量的是弦而非直径,如图 17-4 所示,此时计算的曲率半径如下。

设小圆弦长 x_n,大圆弦长 x_m,根据勾股定理有:

$$\left(\frac{x_n}{2}\right)^2 = r_n^2 - h^2 = \left(\frac{D_n}{2}\right)^2 - h^2$$

$$\left(\frac{x_m}{2}\right)^2 = r_m^2 - h^2 = \left(\frac{D_m}{2}\right)^2 - h^2$$

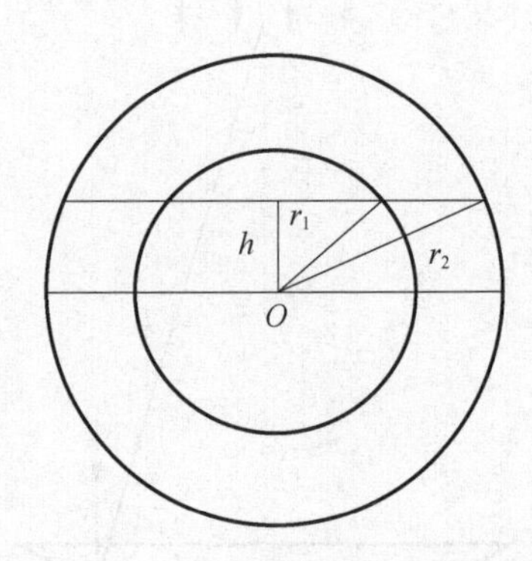

图 17-4 直径测量示意图

两式相减有:

$$x_m^2 - x_n^2 = D_m^2 - D_n^2 \tag{17-8}$$

此时的曲率半径为:

$$R' = \frac{x_m^2 - x_n^2}{4(m-n)\lambda} = \frac{D_m^2 - D_n^2}{4(m-n)\lambda} \tag{17-9}$$

由式(17-7)与(17-9)可知计算的曲率半径大小相等。所以测直径时,即使测量的是弦,对曲率半径计算没有影响。

2. 空气劈尖

将两块玻璃上下叠放在一起,一端夹一薄片(或细丝),则在两片玻璃之间形成一空气薄膜,这一装置称为空气劈尖,如图 17-5 所示。

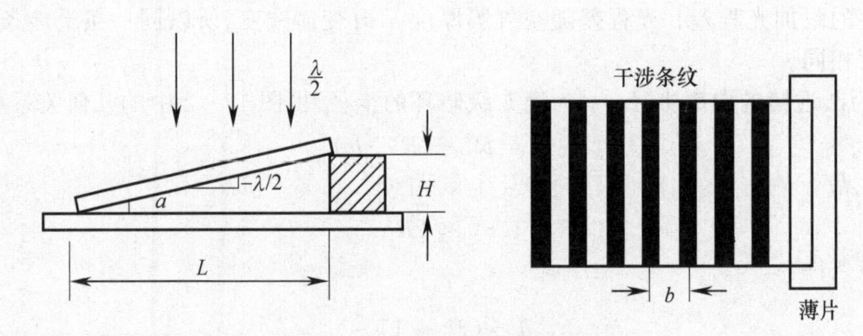

图 17-5 空气劈尖干涉原理图

空气劈尖干涉现象的原理与牛顿环干涉原理相同,由于在空气膜的上、下表面反射光的光程不同,两束光在空气膜的上表面相遇,产生明暗相间的等间距条纹。虽然空气劈尖与牛顿环都是等厚干涉,但由于空气层的形状及厚度变化梯度不同,产生的条纹形状不同。

空气劈尖干涉条纹中,第 k 级与第 $k+1$ 级暗条纹对应的相干光的光程差可以表示为:

$$\delta_k = 2h_k + \frac{\lambda}{2} = (2k+1)\frac{\lambda}{2} \tag{17-10}$$

$$\delta_{k+1} = 2h_{k+1} + \frac{\lambda}{2} = (2k+3)\frac{\lambda}{2} \tag{17-11}$$

两式相减有：

$$h_{k+1}-h_k=\frac{\lambda}{2} \tag{17-12}$$

即相邻两条暗纹对应的空气层厚度差是一定的。那么待测样品厚度为：

$$H=N\times\frac{\lambda}{2} \tag{17-13}$$

式中：N 为空气劈尖干涉条纹中暗纹的数目(劈尖顶角处暗纹不计)。N 可以通过显微镜数出，也可以用空气劈尖有效长度(劈尖顶角处到待测样品边缘)和条纹间距(相邻两条暗纹中心的距离)计算得到。

$$H=\frac{L}{b}\times\frac{\lambda}{2} \tag{17-14}$$

式中：L 为空气劈尖有效长度；b 为条纹间距。

实验内容与测量

1. 准备工作

(1) 打开钠光灯，将半透半反镜正对钠光灯出光口，使显微镜视野被均匀照亮。

(2) 转动目镜，对目镜调焦，使观察到的叉丝最清楚。

(3) 拧松目镜止动螺钉，转动叉丝使叉丝呈正十字形状(考虑一下这样做的目的)。调节好后，拧紧目镜制动螺钉。

(4) 通过肉眼观察，调节牛顿环上的螺钉，将黑点调至中心。

(5) 将待测物体插入两片玻璃间制成空气劈尖。

2. 测量牛顿环的曲率半径

(1) 将牛顿环放置在显微镜载物台上，使显微镜位于长标尺中部附近(约 25mm 处)。

(2) 调节调焦鼓轮，使显微镜自下而上缓缓上升，直至看到清晰的干涉条纹，移动牛顿环使干涉环中心与叉丝中心重合。

(3) 转动测微手轮使叉丝从中心位置向右(左)移动，数出暗环的环数，直到第 20 环。反向转动微调手轮，使叉丝向左(右)移动，至第 16 环。记录第 16～7 环干涉条纹的位置填入测量表格中；继续沿同一方向转动测微手轮，过环心记录环心另一侧第 7～16 环干涉条纹的位置，填入表 17－1。

表 17－1　牛顿环数据记录表格

$\lambda=589.3\text{nm}$

环数	环位置/mm		环径 D_m/mm	环数	环位置/mm		环径 D_n/mm	$D_m^2-D_n^2$/mm
	环心左	环心右			环心左	环心右		
16				11				
15				10				
14				9				
13				8				
12				7				

注意：① 读数时叉丝应对准干涉暗环的中心。

② 记录数据时显微镜移动方向应保持一致。

③ 测量过程中应防止振动引起干涉条纹的变化。

④ 实验时要将读数显微镜台下的反射镜翻转过来,不要让光从窗口经反射镜把光反射到载物台上,以免影响对暗环的观测。

3. 利用空气劈尖测样品厚度

(1) 将空气劈尖放置在显微镜载物台上,转动测微手轮使显微镜位于长标尺左侧边缘位置。

(2) 调节调焦鼓轮,使显微镜自下而上缓缓上升,直至看到清晰的干涉条纹。移动空气劈尖使第零级干涉条纹与竖叉丝重合。

(3) 转动测微手轮,使显微镜筒沿主尺移动,观察条纹并适当调节半透半反镜及钠光灯的入射角度,保证劈尖顶角、样品边缘及之间的所有条纹都能看到。

(4) 记录第零级暗条纹的位置坐标 L_0,第 10 级暗纹位置坐标 L_{10},第 110 级暗纹位置坐标 L_{110},最后一级暗纹位置坐标 L_s,填入表 17-2。

表 17-2　空气劈尖数据记录表格

$N=$______条

坐标位置	L_0	L_{10}	L_{110}	L_s
单位:mm				

(5) 也可数出从劈尖顶角处至待测物体边缘之间所有暗条纹个数 N,由公式(17-13)计算样品厚度。

选做:观察白光产生的牛顿环现象。

数据处理

1. 根据表 17-1 数据,计算凸透镜的曲率半径。

$$D_m^2 - D_n^2 = \_\_\_\_\_\_\ \text{mm}^2$$

$$R = \frac{D_m^2 - D_n^2}{4(m-n)\lambda}\_\_\_\_\_\_\ \text{m}$$

2. 根据表 17-2 数据或测得的条纹数计算待测样品的厚度。

$$L = |L_s - L_0| = \_\_\_\_\_\_\ \text{mm}$$

$$b = \frac{|L_{110} - L_{10}|}{100} = \_\_\_\_\_\_\ \text{mm}$$

$$H = \frac{L}{b} \times \frac{\lambda}{2} = \_\_\_\_\_\_\ \text{mm}$$

$$H = N \times \frac{\lambda}{2} = \_\_\_\_\_\_\ \text{mm}$$

讨论题

1. 如果牛顿环的中心是亮斑而非暗斑,对实验结果是否有影响?
2. 为什么记录数据时显微镜不能倒转?
3. 空气劈尖测量过程中遇到哪些问题,如何解决?

结　论

写出通过实验你最想告诉大家的结论。

实验18

分光仪的使用和光栅

实验目的

1. 了解分光仪的结构,掌握仪器的调节和使用方法。

2. 掌握用光栅测量波长的原理和方法。

实验仪器

分光仪、光栅、平行平面反射镜、汞灯。

实验原理

1. 分光仪

把复色光分成单色光的过程,称为分光;复色光通过透明介质或分光装置分解成单色光的现象,称为色散现象。在实验室中,可以用分光元件或仪器把复色光分成单色光,分光仪就是最基本的分光装置。

分光仪,也称为测角仪,是用来精确测量入射光和出射光之间偏转角度的一种基本光学仪器。利用分光仪可以间接测量介质的折射率、光波波长、色散率及进行光谱的定性分析。如图 18-1 所示,分光仪主要由四部分组成:平行光管、望远镜、载物台和读数装置。

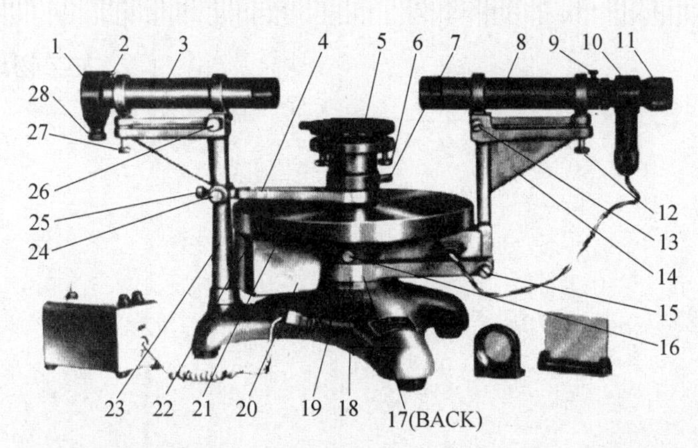

1—狭缝装置;2—狭缝装置锁紧螺钉;3—平行光管部件;4—制动架(一);5—载物台;6—载物台调平螺钉;7—载物台锁紧螺钉;8—望远镜;9—目镜锁紧螺钉;10—阿贝式自准直目镜;11—目镜视度调节手轮;12—望远镜光轴高低调节螺钉;13—望远镜光轴水平调节螺钉;14—支臂;15—望远镜微调螺钉;16—刻度盘止动螺钉;17—望远镜止动螺钉;18—制动架(二);19—底座;20—转座;21—刻度盘;22—游标盘;23—立柱;24—游标盘微调螺钉;25—游标盘制动螺钉;26—平行光管水平调节螺钉;27—平行光管高低调节螺钉;28—狭缝宽度调节螺钉

图 18-1 JJY 型分光仪的结构

1) 平行光管

平行光管由狭缝体和物镜组成,如图 18-2 所示,用来产生平行光束。松开狭缝体锁紧螺钉 2,转动装有狭缝的内套筒,可以改变狭缝的方向,如垂直方向和水平方向;前后移动内套筒,可以使狭缝位于物镜的焦平面上,使平行光管射出平行光。调节狭缝宽度调节手轮 28 可以改变狭缝的宽度。

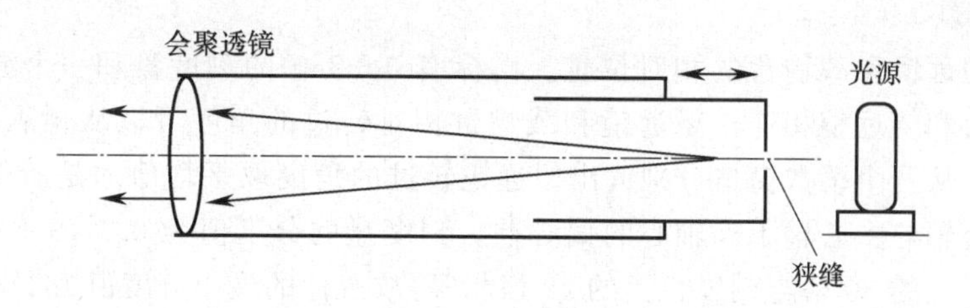

图 18－2　平行光管

2）望远镜

望远镜用来观察和确定平行光的前进方向。在分光仪中采用的是自准望远镜，它由物镜、叉丝分划板和目镜组成，分别装在三个套筒中，彼此可以沿轴向相对滑动，如图 18－3 所示（图中光线前进方向只是示意图，其实际传播方向与望远镜物镜焦距及其和平面反射镜的相对位置有关）。

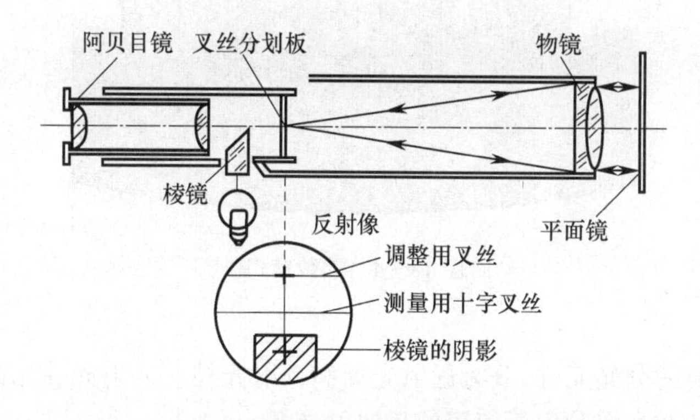

图 18－3　自准望远镜结构

中间的一个套筒里装有一块分划板，其上刻有叉丝，分划板下方与小棱镜的一个直角面紧贴着。与分划板紧贴的小棱镜的直角面上刻有一个透光叉丝，在套筒上正对着小棱镜另一直角面处开有一个小孔，小孔下方装有一个小灯。小灯发出的光经绿色滤光片后进入小孔，先经小棱镜直角面射向小棱镜的斜面，再经小棱镜的斜面反射而照亮小棱镜的另一直角面上所刻的透明“十”字形透光叉丝。如果该叉丝正好处在物镜的焦平面上时，则从叉丝发出的光经物镜折射后成一平行光束。

目镜套筒装在分划板套筒里并沿分划板套筒在一小范围内可以前后滑动，以改变目镜和叉丝的距离，使叉丝能调到目镜的焦平面上。调节望远镜用以观察平行光，就是要使叉丝既处于物镜的焦平面上同时又处于目镜的焦平面上，成为共焦系统。

如果望远镜前方有一平面镜将这束平行光反射回来，再经物镜折射成像于其焦平面上（分划板平面），那么从目镜中可以同时看到分划板“十”字形叉丝与“十”的反射像，并且不应有视差。这就是用自准法调节望远镜适合于观察平行光的原理。如果望远镜光轴与平面镜的法线平行，在目镜里看到的“十”字形叉丝像应与“十”字形叉丝分划板的上交叉点重合。

3）载物台

载物台用来放置棱镜、光栅等光学元件的平台，由两块圆盘组成，下面一块是固定的，且与平台的转轴（仪器主轴）垂直，上面一块则可通过载物台 3 颗调平螺钉来改变其高度和倾斜度。平台可绕仪器主轴旋转和沿轴向升降。

4) 读数装置

用来确定望远镜和载物台的相对位置。由标有 0～360°的刻度盘和一个游标盘组成,它们分别与载物台和望远镜相连。望远镜和载物台相对转过的角度可以从相隔 180°的两个读数窗口中读出。从两个读数窗口分别读出望远镜转过的角度取平均值才是所得的角度,这样可消除望远镜转轴与中心轴不同轴心的偏心差。刻度盘的分度值为 0.5°,0.5°以下则需用游标来读数。游标上的 30 格与刻度盘上的 29 格相等,故游标的最小分度值为 1′,读数方法与游标卡尺的读数方法相同(主读数盘上的刻度值+游标上的刻度值)。如图 18-4 所示,读数为:233°13′。

游标尺
0
10
20
30
230
240
250
主刻度盘

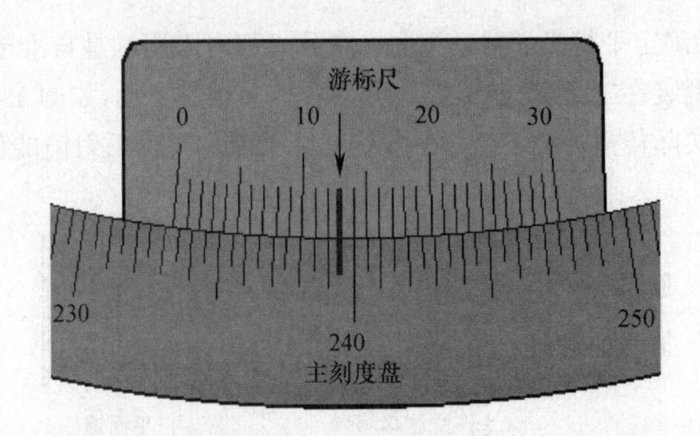

图 18-4　读数窗口

2. 光　栅

光栅是一种重要的分光元件,分为透射光栅和反射光栅。入射光在光栅上发生衍射时,不同波长的光被分开。在本实验中所使用的是透射光栅。

一束波长为 λ 的平行光垂直照射在光栅上,如图 18-5 所示,经过光栅衍射后向各个方向传播。经过光栅衍射后沿某方向传播的光,其传播方向与入射光方向之间的夹角称为该传播方向的衍射角。由衍射理论知,在衍射角 φ_k 满足下式的方向上出现主极强条纹,即

$$d\sin\varphi_k = k\lambda \tag{18-1}$$

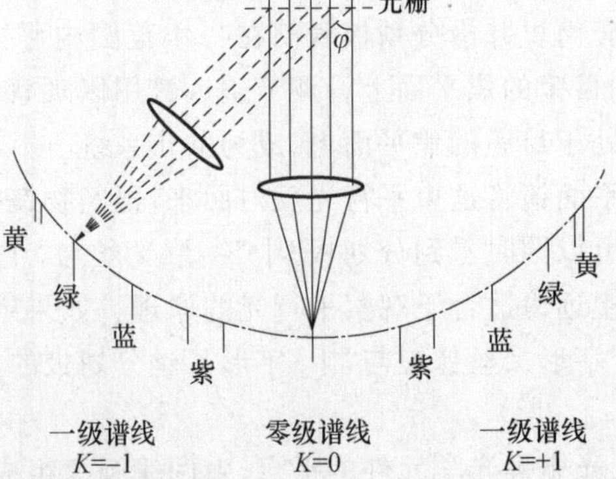

汞灯入射光
光栅
φ
黄
绿
蓝
紫
紫
蓝
绿
黄
一级谱线
K=-1
零级谱线
K=0
一级谱线
K=+1

图 18-5　汞光谱示意图

式(18-1)即为光栅方程。式中 k 是光谱级数($k=0,\pm1,\pm2,\cdots$)，当 $k=0$ 时，在$\varphi=0$ 处，各种波长的亮线重叠在一起，形成白色的明亮零级条纹。对于 k 的其他数值，如果入射光波长不同，则同等级亮纹衍射角 φ_k 不同。波长越长，衍射角越大，这就是光栅的分光原理。如果入射光是复色光，则由于波长不同，衍射角 φ_k 也各不相同，于是不同波长的光被分开，按波长从小到大依次排列，成为一组彩色条纹，这就是光谱，这种现象称为色散现象。而与 k 的正、负两组值所对应的两组光谱则对称地分布在零级亮纹的两侧。因此，可以根据式 18-1，在测定衍射角 φ 的条件下确定通常在$k=\pm1$ 时的 d 和 λ 之间的关系，也就是说只要知道光栅常数 d，就可以求出未知光波长 λ，反过来也是一样。这样就为我们进行光谱分析提供了方便而快捷的方法。

实验内容与测量

1. 分光仪的调节

分光仪的调整要求如下：

(1) 调节望远镜使其适合观察平行光。

(2) 望远镜光轴垂直于仪器主轴。

(3) 平行光管发出平行光。

(4) 平行光管光轴垂直于仪器主轴。

具体调节步骤如下：

1) 目视粗调

调节望远镜和平行光管的高低调节螺钉，尽量使其目测平行(调节螺钉 12 和 27)；旋转载物盘，使 3 条凹槽和下方的 3 颗螺钉的位置重合；调节载物台调平螺钉 6 使载物台也尽量目测平行。

2) 调节望远镜

(1) 用自准法调节望远镜使其适合观察平行光。

① 打开电源，点亮小灯，旋转目镜，调节目镜到分划板的距离，使分划板上的“十”字形叉丝变清晰。

② 松开载物台锁紧螺钉 7 和望远镜止动螺钉 17，拧紧游标盘止动螺钉 25 和刻度盘止动螺钉 16。将望远镜正对平行光管后拧紧螺钉 17。

③ 为方便调节，将平面反射镜放置在如图 18-6 所示的载物台上，使其和当中的一条凹槽平行，并使其置于载物台的中央。

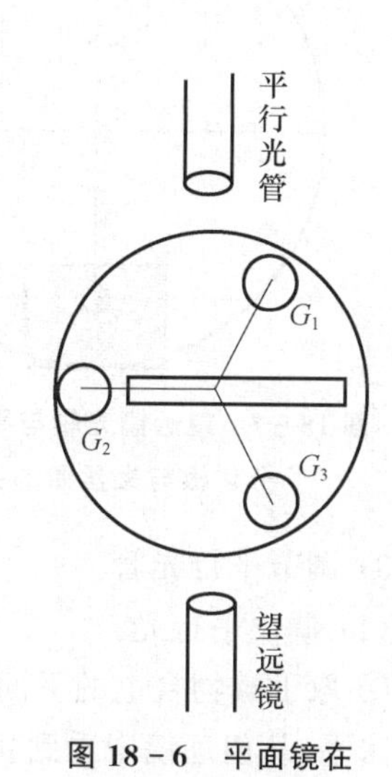

图 18-6　平面镜在载物台上的放法

④ 缓慢转动载物台，使平面反射镜垂直于望远镜光轴。通过望远镜则可观察到由平面反射镜反射回的一个绿色光团或绿色“十”字叉丝像。若观察不到，则粗调没有达到要求，应重新调节望远镜光轴高低调节螺钉 12 和载物台水平调节螺钉 6(G_1、G_3)。如果看到的不是清晰的绿色叉丝像，则松开螺钉 9，前后移动目镜，直到看到清晰的“十”字叉丝像，如图 18-7 所示。

(2) 用半近调节法调节望远镜使其光轴与仪器主轴垂直。

① 转动载物台180°,依次使反射镜的两个镜面正对望远镜,通过望远镜观察由两个镜面反射回来的"十"字叉丝像。若只观察到一个面的反射像,则需进一步调节望远镜光轴高低调节螺钉12和载物台调平螺钉6,直到两个面反射回来的"十"字叉丝像均在望远镜视场中(**注意**:寻找一面反射像时螺钉调节的幅度要小,避免另一面已有的"十"字叉丝像在视场中消失)。

② 当从望远镜中看清两平面反射回来的"十"字叉丝像时,依次观察两个面的"十"字叉丝像在望远镜中的位置,采用半近调节法使平面镜两个面反射回来的"十"字叉丝像均与叉丝分划板的上交叉点重合,如图18-7所示。

调节步骤:转动载物台,使像位于视场中的竖线上,从两个反射像中找出偏离分划板叉丝上交叉点距离最大的那一个反射像,先调节望远镜光轴高低调节螺钉12,使叉丝像与分划板上交叉点间的距离缩小一半,再调节载物台下螺钉6当中的G_1(或G_3),使"十"字叉丝像与上交叉点重合。然后将载物台转过180°,使平面镜另一个面正对望远镜,用上述同样的方法调节望远镜光轴高低调节螺钉12和载物台下的调平螺钉G_3(或G_1),使这个面反射回来的"十"字叉丝像也与叉丝分划板上交叉点重合。如此反复数次,直至平面镜两个面反射回来的"十"字叉丝像均与叉丝分划板的上交叉点重合,至此望远镜光轴与仪器主轴垂直。

(3) 在转动载物台的过程中,如果从望远镜中出现如图18-8所示的现象:"十"字叉丝像移动方向与分划板水平线成一小角度,这是由于分划板歪斜、叉丝竖线不平行于仪器主轴的缘故。此时应松开目镜锁紧螺钉9,转动目镜视度调节手轮11(分划板随同转动)直至"十"字叉丝像始终沿分划板叉丝水平线方向移动。然后消除视差,锁定目镜锁紧螺钉(**注意**:望远镜的当前状态在此后整个实验过程中均要保持不变)。

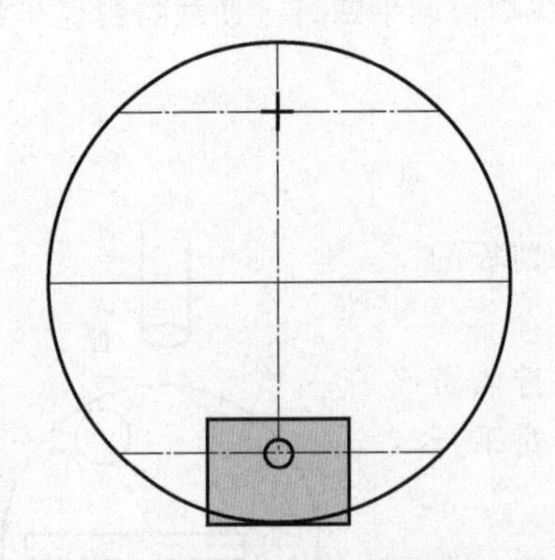

图18-7　望远镜光轴与平面镜垂直时分化板与叉丝像的关系图

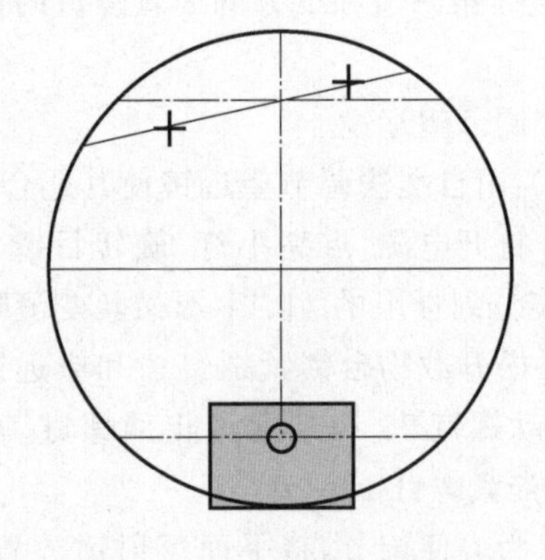

图18-8　分化板歪斜时的情况

3) 调节平行光管

(1) 调出平行光。

① 取下载物台上的平面镜,点亮汞灯使光线通过狭缝。松开狭缝体锁紧螺钉2,将狭缝体转成水平,从望远镜中看到狭缝的像,若像不清晰,可前后伸缩狭缝体使像清晰。

② 调节平行光管光轴高低调节螺钉27,使入射光线与分划板叉丝的中央水平横线重合,此时平行光管光轴即与仪器主轴相垂直。

③ 转动狭缝使其平行于叉丝竖直线,调节平行光管水平方向调节螺钉,使狭缝的像重合

于分划板叉丝竖直线。至此平行光管光轴与望远镜光轴重合。

④ 仔细地前后微动狭缝体，消除狭缝的像与叉丝之间的视差(此时望远镜中观察到的从平行光管射出的光应最清晰)，至此平行光管发出平行光。

(2) 转动狭缝宽度调节手轮28，调节狭缝宽度，使狭缝的像即清晰又足够明亮(**注意**：狭缝的刀口是经过精密研磨制成的，为避免损伤狭缝，只有在望远镜中看到狭缝像的情况下才能调节狭缝的宽度)。

(3) 锁紧狭缝体。在此后的测量过程中，狭缝的像应始终保持明亮清晰，且与分划板叉丝竖直线重合。

2. 光栅的调节

光栅方程是在平行光垂直入射到光栅平面的条件下得到的，因此在实验中调节仪器时要满足此要求。调节步骤如下：

(1) 将光栅摆放在载物台上，摆放位置与平面镜摆放位置相似，转动载物台(连同光栅)，从望远镜中观察光栅平面反射回来的绿色"十"字叉丝像(只需一个面)，如果"十"字叉丝像没有位于分划板叉丝的上交叉点，适当调节载物台调平螺钉 G_1(或 G_3)，使二者重合(此时能否使用半近调节法?)，至此平行光束垂直入射到光栅上，满足光栅方程(**注意**：由于光栅表面反射率远低于平面反射镜，因此，反射回来的绿色"十"字叉丝像的亮度比较弱，寻找起来可能比较困难)。

(2) 松开望远镜止动螺钉17，使望远镜可以转动。左右转动望远镜，观察光栅的衍射光谱线。

3. 测　量

向左转动望远镜，依次测出 $k=-2$、$k=-1$ 级绿光谱线的位置，使谱线与分划板的竖直线重合，记下望远镜此时的角位置(φ_{-2}，φ'_{-2})(φ_{-1}，φ'_{-1})。然后向右转动望远镜观察 $k=+1$、$k=+2$ 级的绿光谱线，同样记下此时望远镜的角坐标(φ_{+1}，φ'_{+1})(φ_{+2}，φ'_{+2})将数据记录在表格18-1中。

表18-1　衍射角数据记录表

亮条纹位置(度、分)	级数 k			
	-2	-1	$+1$	$+2$
φ_k				
φ'_k				

数据处理

1. 用下面的公式计算绿光一级和二级衍射角。

$$\varphi=\frac{1}{2}\left(\frac{1}{2}\mid\varphi_{+}-\varphi_{-}\mid+\frac{1}{2}\mid\varphi'_{+}-\varphi'_{-}\mid\right) \tag{18-2}$$

注意：当 $|\varphi_{+}-\varphi_{-}|>180°$ 时，$|\varphi_{+}-\varphi_{-}|$ 应按 $360°-|\varphi_{+}-\varphi_{-}|$ 代入。同理，$|\varphi'_{+}-\varphi'_{-}|>180°$ 时，$|\varphi'_{+}-\varphi'_{-}|$ 也应按 $360°-|\varphi'_{+}-\varphi'_{-}|$ 代入。

2. 计算绿光谱线波长 $\left(d=\frac{1}{300}\text{mm}\right)$。

由光栅方程 $d\sin\varphi_k = k\lambda$ 可知：

$$\lambda = \frac{d\sin\varphi_k}{k} \tag{18-3}$$

将各级衍射角分别代入式(18-3)可得：

$$\lambda_1 = d\sin\varphi_1 \quad \lambda_2 = \frac{d\sin\varphi_2}{2}$$

$$\bar{\lambda} = \frac{\lambda_1 + \lambda_2}{2} \tag{18-4}$$

根据式(18-4)，计算绿光的平均波长 $\bar{\lambda}$。

讨论题

1. 分光仪是由哪几部分组成的？各部分有什么作用？
2. 在使用分光仪进行测量前，对分光仪的调节有哪些要求？
3. 分光仪设计两个读数窗口的作用是什么？
4. 如何用半近法调节望远镜光轴与仪器主轴垂直？
5. 简述通过光栅衍射测量入射光波长的原理及方法。

结 论

通过对实验现象和实验结果的分析，你能得到什么结论？

实验19

棱 镜 分 光 仪

三棱镜是由透明材料制成的主截面呈三角形的光学元件。由于三棱镜玻璃介质对不同波长光的折射率各不相同，当复色光通过三棱镜时，各波长光的出射角并不相同，因此三棱镜可以将复色光分解为单色光，其结果是把复色光在空间上分离开；当单色光从棱镜的一个侧面射入，从另一个侧面射出，出射线将向底面偏折，偏折角的大小与棱镜的折射率、棱镜的顶角和入射角有关。本实验是利用分光仪，通过最小偏向角法测三棱镜的折射率。

实验目的

1. 测量三棱镜的顶角。
2. 测量三棱镜对不同波长光的最小偏向角。
3. 计算三棱镜的折射率。

实验仪器

分光仪、平行平面反射镜、三棱镜、汞灯。

实验原理

1. 分光仪

分光仪的结构和原理，请参照阅读实验18。

2. 棱镜

一束平行单色光 L，入射到三棱镜的 AB 面，经折射后由另一面 AC 向 R 方向射出，如图19-1所示，出射光的方向发生了变化，入射光与出射光的夹角 δ 称为偏向角。如果入射方向和出射方向处于三棱镜的对称位置上，此时偏向角达到极小值，称为最小偏向角，以 $\delta_{\min}$ 表示，棱镜的折射率 n 与顶角 A 偏向角 $\delta_{\min}$ 有如下关系：

$$n=\frac{\sin\left(\frac{A+\delta_{\min}}{2}\right)}{\sin\left(\frac{A}{2}\right)} \qquad (19-1)$$

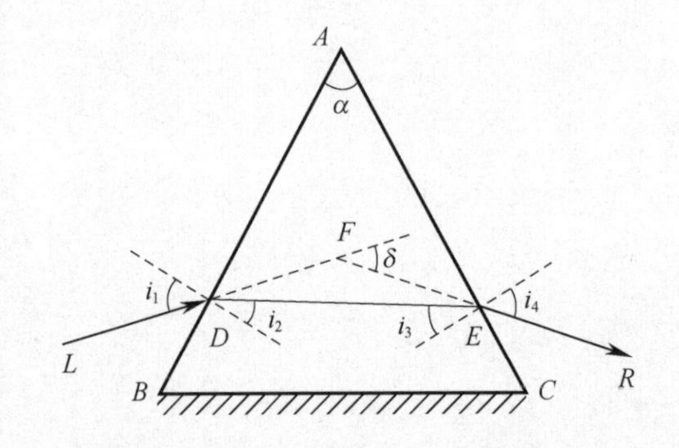

图19-1 光经过棱镜前后的行进方向

通过分光仪可以测得 $\delta_{\min}$ 和顶角 A，因此通过式(19-1)，可求出棱镜折射率 n。

实验内容与测量

1. 分光仪的调节

分光仪的调节方法同实验18，请参照实验18所述的调节方法进行调节。

2. 棱镜的调节

把三棱镜放在分光仪载物台上，为了便于调节，应将三棱镜的三个平面分别和载物台上的3条凹槽平行，如图19-2所示。

在分光仪调节好后，用自准法调节载物台调平螺钉6，一是使 AB 面垂直望远镜，调节 G_3 使望远镜视野中看到的绿色“十”字叉丝像与叉丝分划板的上交叉点重合；二是使 AC 面垂直望远镜，调节 G_1 使望远镜视野中同样看到绿色的“十”字叉丝像与叉丝分划板的上交叉点重合(需反复调节 G_3、G_1 直到 AB 面和 AC 面反射回来的绿色“十”字叉丝像均与叉丝分划板的上交叉点重合)。

3. 测　量

(1) 用自准法测量顶角 A：拧紧载物台锁紧螺钉7，松开望远镜制动螺钉17。如图19－3所示，转动望远镜，当望远镜垂直于 AC 面时，记下此时望远镜的角位置(φ_-，φ'_-)；当望远镜垂直 AB 面时，记下此时望远镜的角位置(φ_+，φ'_+)。将数据填入表19－1中。

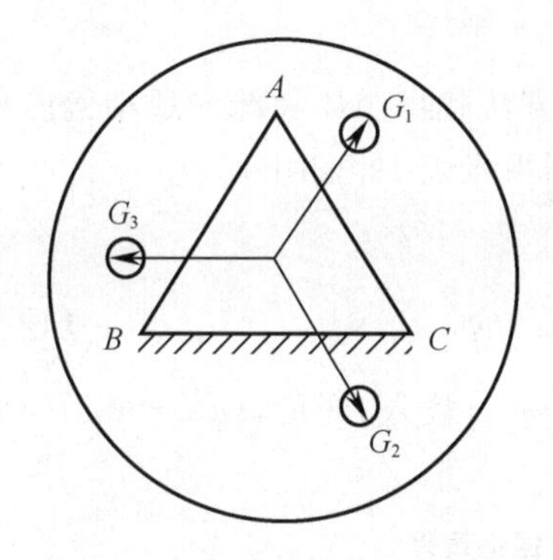

图19－2　三棱镜的放置方法

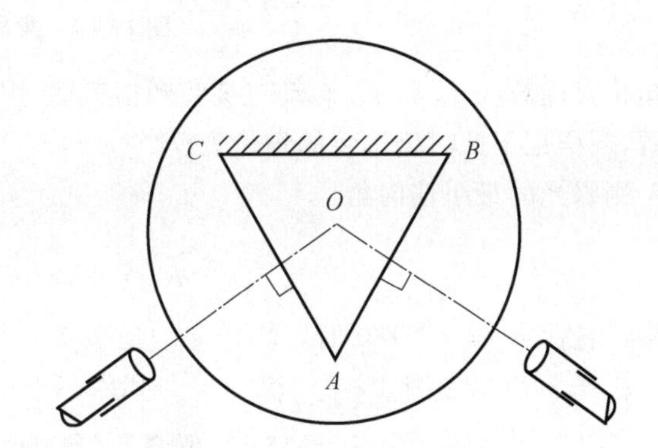

图19－3　测量三棱镜顶角

则三棱镜的顶角 A 为：

$$\angle A = 180° - \frac{|\varphi_+ - \varphi_-| + |\varphi'_+ - \varphi'_-|}{2} \tag{19-2}$$

式中：当 $|\varphi_+ - \varphi_-| > 180°$ 时，$|\varphi_+ - \varphi_-|$ 应按 $360° - |\varphi_+ - \varphi_-|$ 代入；同理，$|\varphi'_+ - \varphi'_-| > 180°$ 时，$|\varphi'_+ - \varphi'_-|$ 也应按 $360° - |\varphi'_+ - \varphi'_-|$ 代入。

表19－1　测量三棱镜顶角数据记录表

望远镜角位置(度、分)			
望远镜垂直于 AC 面		望远镜垂直于 AB 面	
φ_-		φ_+	
φ'_-		φ'_+	

(2) 测量绿光的最小偏向角。

拧紧分光仪游标盘止动螺钉25，松开载物台锁紧螺钉7和望远镜止动螺钉17，如图19－4所示摆放光路。

用望远镜跟踪 AC 面的绿色出射谱线，缓缓转动载物台，使绿光谱线往中间移动。当载物台转到某一位置时，绿光谱线不再随着载物台转动的方向移动而开始反向移动，绿光谱线移动方向发生转折的这个位置即为绿光最小偏向角的位置。反复实验，找出绿光谱线移动方向发生转折的确切位置，转动望远镜，使叉丝分划板的竖线与绿光的光谱线重合，记下此时望远镜

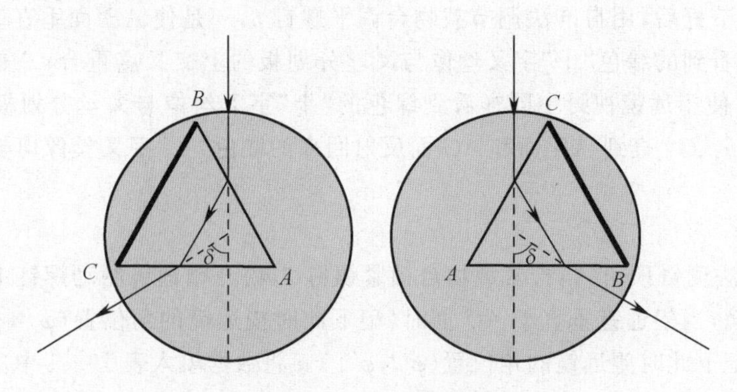

图 19-4 摆放光路

的角位置读数(φ_-,φ'_-)。转动三棱镜和望远镜,用同样的方法找出 AB 面绿光最小偏向角的位置,同样记下此时望远镜的角位置读数(φ_+,φ'_+),将数据填入表 19-2 中。

则绿光的最小偏向角:

$$\delta_{\min}=\frac{1}{2}\left(\frac{1}{2}\mid\varphi_+-\varphi_-\mid+\frac{1}{2}\mid\varphi'_+-\varphi'_-\mid\right) \tag{19-3}$$

式中:当$|\varphi_+-\varphi_-|>180°$时,$|\varphi_+-\varphi_-|$应按 $360°-|\varphi_+-\varphi_-|$代入;同理,$|\varphi'_+-\varphi'_-|>180°$时,$|\varphi'_+-\varphi'_-|$也应按 $360°-|\varphi'_+-\varphi'_-|$代入。

表 19-2 测量三棱镜最小偏向角数据记录表

望远镜角位置(度、分)			
望远镜对着 AC 面		望远镜对着 AB 面	
φ_-		φ_+	
φ'_-		φ'_+	

数据处理

1. 计算三棱镜的顶角$\angle A$ 的值。
2. 计算汞光灯绿光谱线的最小偏向角及三棱镜玻璃介质对该光的折射率。

讨论题

1. 分析光栅和棱镜分光的主要区别。
2. 测量不同波长光的最小偏向角时,如何判断最小偏向角的位置?
3. 棱镜的折射率随入射光波长的不同而如何变化?

结 论

通过对实验现象和实验结果的分析,你能得到什么结论?

实验20

全息照相

全息照相的基本原理早在1948年就由伽柏(Dennis Gabor)发现,但是由于没有理想的相干光源,全息技术的研究进展缓慢。直到1960年激光问世以后,全息技术才得到了迅速的发展。伽柏也因全息照相的研究获得了1971年度的诺贝尔物理学奖。

全息照相技术应用非常广泛。如利用全息照相技术来制作防伪标识,拍摄珍贵物品并保存下来;除此之外全息技术在压力容器无损探伤、干涉计量检测、信息存储等领域都有应用。

实验目的

1. 了解全息照相的基本原理。
2. 掌握全息照相方法及底片冲洗方法。
3. 观察物象再现。

实验仪器

He—Ne激光器、成套全息照相光学元件及防震装置、曝光定时器、被摄物体、全息底片、显影液和定影液等。

实验原理

物体上各点发出的光(或反射的光)是电磁波,借助于它的频率、振幅和相位的不同,人们可以区分物体的颜色、明暗、形状和远近等。普通照相通常是用几何光学的方法通过透镜成像,在感光底片上将物体发出的或反射的光波的强度分布记录下来,由于在照相过程中把光波的位相分布这个重要的信息丢失了,得到的是物体的二维平面像,照片上不存在视差,改变观察角度时,并不能看到像的不同侧面。

全息照相利用光的干涉方法成像,在感光底片上同时记录了物光的强度分布和位相分布,即光的全部信息。全息底板上得到的是细密的干涉条纹而不是物体的像,必须经过光源适当的照射,才能再现物体的像。全息照相得到的像是完全逼真的立体像,我们在不同的角度观察,可以看到物体的不同侧面,就如同物体就在观察者面前一般。由于全息底片上任一部分都包含整个物体的信息,因此即使底片打碎也能观察到整个物体的像。

1. 全息照相

全息照相是用感光底板将物光与参考光的干涉信息记录下来,拍摄光路如图20-1所示。

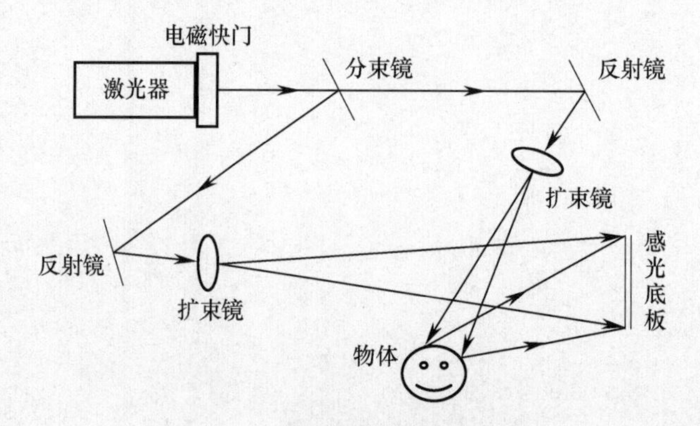

图20-1 全息照相拍摄光路示意图

从激光器发出的光波经分束镜分成两束，一束经反射镜、扩束镜后照亮被摄物体，被物体反射到感光底片上，这束光称为物光；另一束经反射镜、扩束镜后直接照射在感光底片上，这束光称为参考光。物光和参考光出自同一光源，再通过调节光路使光程差小于激光的相干长度，物光和参考光就可以在感光底板上产生干涉。

用 O 表示物光波每一点的复振幅与位相，用 R 表示参考光波每一点的复振幅与位相，感光底板上的总光场是物光与参考光的叠加，底板上各点的光强分布为：

$$I=(O+R)(O^*+R^*)=OO^*+RR^*+OR^*+O^*R=I_O+I_R+OR^*+O^*R \tag{20-1}$$

式中：O^* 与 R^* 分别是 O 与 R 的共轭量；$I_O=OO^*$，$I_R=RR^*$ 分别为物光波与参考光波独立照射感光底板时的光强；OR^*+O^*R 为干涉项。

曝光后，感光底板记录下两束光的干涉条纹，经过显影、定影处理得到全息照片。此时的全息照片上布满了细密的干涉条纹相当于一个复杂的衍射光栅。用光照射全息照片，透射光的振幅、位相都会发生变化。用 t 表示复振幅透射率有：

$$t=\text{透射光复振幅}/\text{入射光复振幅} \tag{20-2}$$

若曝光及冲洗得当，可使得复振幅透射率与曝光时的光强呈线性关系，即：

$$t=t_0+KI \tag{20-3}$$

式中：t_0 为未曝光底板冲洗后的透过率；K 为常数。

2. 物像再现

物象再现依据的基本原理是光的衍射。用扩束后的激光照射全息照片，激光入射方向与原参考光方向相同，激光的衍射光波中携带被摄物体的信息，在拍摄时物体所在的位置上形成物体的虚像。全息照相再现光路如图 20-2 所示。

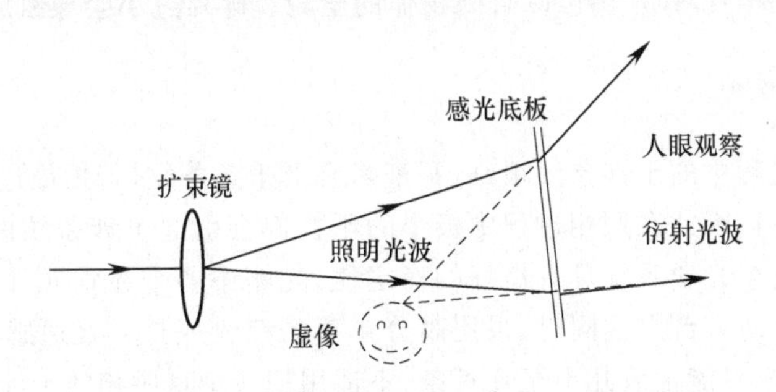

图 20-2　全息照相再现光路示意图

再现入射光要求与拍摄全息照片时参考光相同，其透过全息照片的复振幅与相位用 W 表示，有：

$$W=tR=t_0R+KIR \tag{20-4}$$

将式(20-1)代入式(20-4)有：

$$W=[t_0+K(I_O+I_R)]R+KI_RO+KR^2O^* \tag{20-5}$$

式中：右侧的三项分别代表了三种衍射波。

第一项与参考光波 R 只差一个常数因子，是按一定比例重建的参考光波，可以看作直接透过全息照片的入射光，相当于零级衍射波。

第二项与物光波 O 只差一个常数因子，是按一定比例重建的物光波，相当于一级衍射波。

这个光波根据惠更斯原理传播,与物体在拍摄位置发出的光波相似,振幅按一定比例改变,位相改变 180°。这个光波在物体拍摄位置形成虚像。当观察者在这个光波的范围内,透过全息照片观察时,在物体拍摄位置上,可以看到物体的三维立体像。

第三项与物光波的共轭光波 O^* 有关,是因衍射产生的另一个一级衍射波,称为孪生波。孪生波在原物关于全息照片对称的位置上形成实像,如图 20-3 所示。

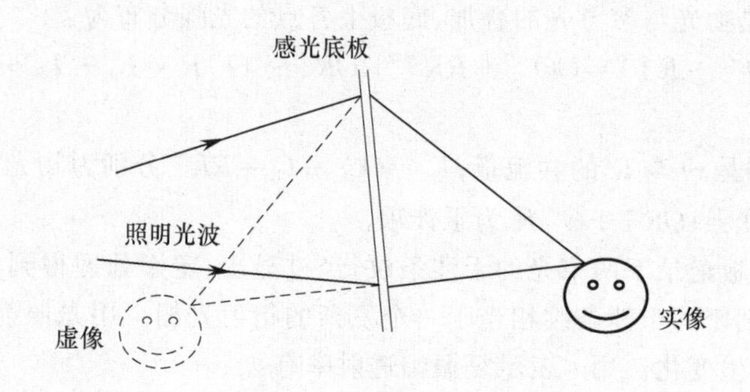

图 20-3 全息照相成像示意图

全息照片具有以下特点。

(1) 全息照片上的花纹与被摄物体无任何相似之处,在相干光束的照射下,物体图像才能如实重现。

(2) 全息照片再现的虚像是逼真的三维立体像。

(3) 全息底片可以进行多次曝光。只需在曝光时适当调整物光、参考光的角度,再现时各个物体的像会独立呈现。

(4) 全息照片打碎后,碎片仍可以看到物体的全貌。碎片过小会导致成像质量的降低。

实验内容与测量

全息照片拍摄过程中的干涉条纹很细,每毫米有上千条条纹,若拍摄过程中底片位移一个微米,条纹就分辨不清,因此在照相过程中极小的干扰都会引起干涉条纹的模糊,不能得到全息照片。因此要求整个光学系统具有良好的稳定性,光路中各个光学元件、被摄物体、感光底板都必须牢牢固定在防震台上。同时,采用高分辨率的感光底片。普通感光底片由于银化合物的颗粒较粗,每毫米只能记录几十至几百条,不适用记录全息照相的干涉条纹。我们采用的是 GS-I 型红光干版,其极限分辨率为 3000 条/毫米。

1. 全息照相

(1) 打开激光器,参照图 20-1 搭建光路,光路系统需满足下列要求:

① 物光和参考光的光程大致相等。物光与参考光的光程差直接影响干涉条纹的质量,当光程差大于激光的相干长度或激光管谐振腔长的 1/4 时,不能产生相干现象,无法获得干涉条纹。

② 经扩束镜扩展后的参考光应均匀照在整个底片上,被摄物体各部分也应得到较均匀照明。

③ 在感光底板处物光与参考光的夹角在 30°~50°之间。夹角不能太大,否则条纹密度太高,胶片分辨率不够。夹角也不能太小,否则再现时各级衍射图像易重叠影响观察角度。

④ 在感光底板处物光和参考光的光强比约为 1∶3～1∶5。光强比直接影响图像的质量，如果参考光过强，物像再现时衍射光的对比度低，图像模糊；如果物光过强，底板上的斑纹比较明显，物像再现时零级衍射光的光通量降低，图像清晰度不足。

(2) 调好曝光定时器，确定曝光时间。如果曝光时间太短，底板上条纹太浅甚至没有，无法形成衍射光栅，也就无法得到再现物像。若曝光时间太长，底板可能太黑，光线的透过率降低。另外，曝光时间越长，保持系统稳定性难度增加，拍摄成功率更低。

(3) 关上照明灯(可开暗绿灯)，将曝光定时器常开按钮弹出使快门挡住激光。将感光底板安装在干板架上，使乳胶面对着光的入射方向，静置 3 min 后按定时键进行曝光(想想这么做的目的)。曝光过程中绝对不要触及防震台，并保持室内安静。

2. 冲洗照片

显影液采用 D－19 显影液，定影液采用 F－5 定影液。显影定影温度以 20 ℃左右最为适宜。

(1) 将底板放入显影液中进行显影，显影时间不宜过长，以感光底板上出现灰色条纹为宜。若显影时间过长，则全息干板颜色深，光的透射率低；若显影时间过短，干板上条纹不能出现，无法得到再现像。

(2) 将底板放入停影液中进行停影。

注意：在底板从显影液中取出放入停影液的过程中，底板仍处于显影的状态，为防止过度显影，应迅速将底板从显影液中取出。

(3) 将底板放入定影液中，停留时间为 2～4 min。

定影是为了去除底片上没有感光的乳剂。如果定影时间不足残留的乳剂会影响照片的质量。

(4) 将底板放入清水中洗 2～3 min，晾干底片。

3. 物像再现

(1) 按图 20－2 将激光扩束后照射全息照片乳胶面，旋转干板架使激光照射方向与参考光方向相同，沿物光的方向观察物体的像。

(2) 改变观察角度，观察虚像有什么变化？

(3) 改变参考光束的强弱与远近，观察虚像有何不同？

(4) 将干板架旋转 180°观察全息照片。

讨论题

1. 全息照相与普通照相有什么不同？
2. 为什么光学元件安置不牢将导致拍摄失败？
3. 为什么用全息照片的一部分也能再现整个物体的像？
4. 哪些因素影响全息照片图像的质量？

结　论

写出通过实验你最想告诉大家的结论。

显影液定影液配方介绍

1. D-19显影液配方

蒸馏水(50 ℃)	500 mL
米吐尔	2 g
无水亚硫酸钠	90 g
对苯二酸	8 g
无水碳酸钠	48 g
溴化钾	5 g
蒸馏水	1 000 mL

2. F-5定影液配方

蒸馏水(50 ℃)	500 mL
硫代硫酸钠	240 g
无水亚硫酸钠	15 g
冰醋酸	13.5 mL
硼酸(结晶)	7.5 g
铝钾矾	15 g
蒸馏水	1 000 mL

实验21
力学量和热学量传感器

传感器是将能够感受到的被测量按照一定的规律转换成可用输出信号的器件或装置，通常由敏感元件和转换元件组成，其中敏感元件是指传感器中能直接感受或响应被测量(输入量)的部分；转换元件是指传感器中能将敏感元件感受的或响应的被探测量转换成适于传输和测量的电信号的部分。有的半导体敏感元器件可以直接输出电信号，本身就构成传感器。

敏感元器件就其感知外界信息的原理来讲，可分为：① 物理类，基于力、热、光、电、磁和声等物理效应；② 化学类，基于化学反应的原理；③ 生物类，基于酶、抗体和激素等分子识别功能。通常据其基本感知功能又可分为热敏元件、光敏元件、气敏元件、力敏元件等十大类。

本实验主要研究压电式传感器和温度传感器。压电式传感器是基于压电效应的传感器，是一种自发电式和机电转换式传感器。它的敏感元件由压电材料制成，压电材料受力后表面产生电荷，此电荷经电荷放大器与测量电路放大和变换阻抗后成为正比于所受外力的电量输出。它的优点是频带宽、灵敏度高、信噪比高、结构简单、工作可靠和重量轻等。缺点是某些压电材料需要防潮措施，而且输出的直流响应差，需要采用高输入阻抗电路或电荷放大器来弥补这一缺陷。温度传感器主要由热敏元件组成。热敏元件常见的有铜热电阻、热电偶和半导体热敏电阻等。以半导体热敏电阻为探测元件的温度传感器应用广泛，这是因为在元件允许工作条件范围内，半导体热敏电阻器，具有体积小、灵敏度高、精度高的特点，而且制造工艺简单、价格低廉。现在，传感器技术已经成为各国在科学技术竞争中的关键。

一、压电式传感器的动态响应实验

实验目的

1. 了解压电式传感器的外形和特性。
2. 掌握压电式传感器的原理。
3. 测量压电传感器的动态响应曲线。

实验原理

压电传感器是以电介质的压电效应为基础，外力作用下在电介质表面产生电荷，从而实现非电量的测量，是一种典型的发电型传感器。压电传感器可以对各种动态力、机械冲击和振动进行测量，在声学、医学、力学导航等方面都得到广泛应用。

实验仪器

压电式传感器、电压放大器、低频振荡器、低通滤波器、双踪示波器。

实验内容与测量

1. 观察了解压电传感器的结构：由压电陶瓷晶片、惯性质量块、压簧、引出电极组装于塑料外壳中。

2. 差动放大器调零；低频振荡器的幅度置于最小；电压表置于20V档；差动放大器增益调到最小；直流电源置于4V档。

3. 按图21-1接线，开启电源，调节振动频率与振幅，用示波器观察低通滤波器输出波形。

4. 适当增大差动放大器的增益，调节电位器旋钮使电压表示数为零。

5. 改变低频振荡器的频率，读出电压表的示数，填入表 21－1 中。

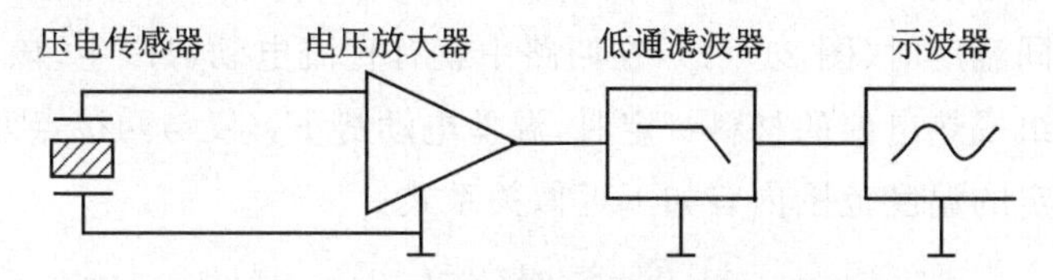

图 21－1　压电传感器的动态响应实验

表 21－1　压电元件的频率响应测量数据

F/Hz	5	7	12	15	17	20	25
V_{P-P}/V							

注意事项

1. 实验前应检查实验接插线是否完好，连接电路时应使用较短的接插线，避免引入干扰。

2. 接插线插入插孔，以保证接触良好，切忌用力拉扯接插线尾部，以免造成线内导线断裂。

3. 稳压电源不要对地短路。所有单元电路的地均须与电源地相连。

4. 低频振荡器的幅度要适中，尽量避免失真。

数据处理

根据表 21－1 测得的数据，描绘压电传感器的动态响应曲线。

讨论题

压电式传感器有什么特点？

二、热电偶温差电动势测量与研究

实验目的

1. 研究热电偶的温差电动势。

2. 学习热电偶测温的原理及其方法。

3. 学习热电偶定标。

4. 学习运用热电偶传感器设计测温电路。

实验原理

热电偶亦称温差电偶,是由 A、B 两种不同材料的金属丝的端点彼此紧密接触而组成的。当两个接点处于不同温度时(图 21-2),在回路中就有直流电动势产生,该电动势称温差电动势或热电动势。当组成热电偶的材料一定时,温差电动势 E_X 仅与两接点处的温度有关,并且两接点的温差在一定的温度范围内有如下近似关系式:

$$E_X \approx \alpha(t - t_0) \tag{21-1}$$

式中:α 为温差电系数,对于不同金属组成的热电偶,α 是不同的,其数值上等于两接点温度差为 1 ℃时所产生的电动势;t 为工作端的温度;t_0 为冷端的温度。

为了测量温差电动势,就需要在图 21-3 的回路中接入电位差计,但测量仪器的引入不能影响热电偶原来的性质,例如,不影响它在一定的温差 $t-t_0$ 下应有的电动势 E_X 值。要做到这一点,实验时应保证一定的条件。根据伏打定律,即在 A、B 两种金属之间插入第三种金属 C 时,若它与 A、B 的两连接点处于同一温度 t_0(图 21-2),则该闭合回路的温差电动势与上述只有 A、B 两种金属组成回路时的数值完全相同。所以,我们把 A、B 两根不同化学成分的金属丝的一端焊在一起,构成热电偶的热端(工作端)。将另两端各与铜引线(即第三种金属 C)焊接,构成两个同温度(t_0)的冷端(自由端)。铜引线与电位差计相连,这样就组成一个热电偶温度计,如图 21-3 所示。通常将冷端置于冰水混合物中,保持 $t_0=0$ ℃,将热端置于待测温度处,即可测得相应的温差电动势,再根据事先校正好的曲线或数据来求出温度 t。热电偶温度计的优点是热容量小,灵敏度高,反应迅速,测温范围广,还能直接把非电学量温度转换成电学量。因此,在自动测温、自动控温等系统中得到广泛应用。

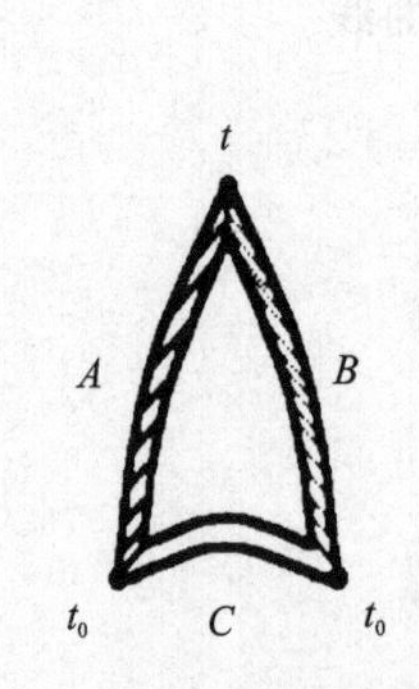

图 21-2 温差电偶示意图

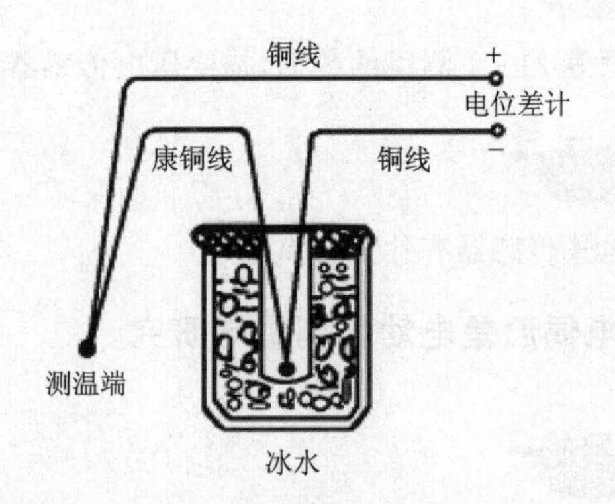

图 21-3 热电偶温度计示意图

本实验中的热电偶为铜—康铜热电偶,属于 T 型热电偶。其测温范围 −270～400 ℃;优点有:热电动势的直线性好;低温特性良好;再现性好,精度高;但是(+)端的铜易氧化。

实验仪器

九孔板、DH－VC1 直流恒压源恒流源、DH－SJ 型温度传感器实验装置(图 21－4)、数字万用表。

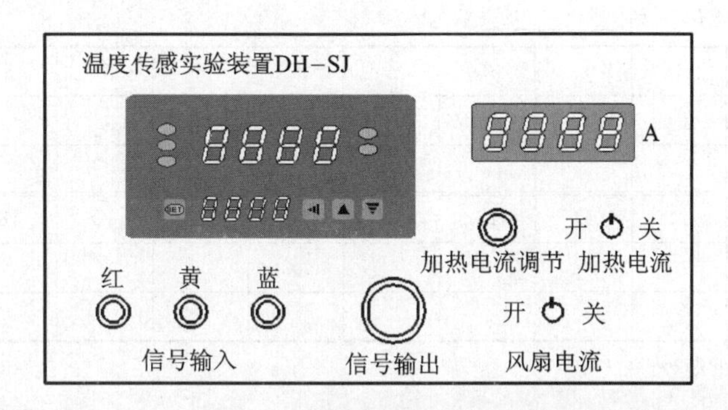

图 21－4 DH－SJ 温度传感器实验装置温控仪面板

实验内容与测量

1. 对热电偶进行定标，并求出热电偶的温差电系数 α_0。

用实验方法测量热电偶的温差电动势与工作端温度之间的关系曲线，称为对热电偶定标。本实验采用常用的比较定标法，即用一标准的测温仪器(如标准水银温度计或已知高一级的标准热电偶)与待测热电偶置于同一能改变温度的调温装置中，测出 E_X-t 定标曲线。具体步骤如下：

① 按图 21－3 所示原理连接线路，注意热电偶的正、负极的正确连接。将热电偶的冷端置于冰水混合物中，确保 $t_0=0$ ℃。测温端直接插在恒温炉内。

② 测量待测热电偶的电动势。用万用表测出室温时热电偶的电动势，然后开启温控仪电源，给热端加温。每隔 10 ℃左右测一组(t,E_X)，直至 100 ℃为止。由于升温测量时温度是动态变化的，故测量时可提前 2℃进行跟踪，以保证测量速度与测量精度。测量时，一旦达到补偿状态应立即读取温度值和电动势值，再做一次降温测量，即先升温至 100 ℃，然后每降低 10 ℃测一组(t,E_X)，再取升温降温测量数据的平均值作为最后测量值。

另外一种方法是设定需要测量的温度，等控温仪稳定后再测量该温度下温差电动势。这样可以测得更精确些，但需花费较长的实验时间。

2. 自行设计热电偶数字测温电路。

3. 实验注意事项：

① 传感器头如果没有完全浸入到冰水混合物中，或接触到保温杯壁，会对实验产生影响。

② 传感器头如果没有接触恒温炉孔的底或壁，会对实验产生影响。

③ 加了铠甲封装的比未加铠甲封装的热电偶误差要大。

实验数据与处理

1. 热电偶定标数据记录(表21-2)

表21-2 热电偶定标数据记录

室温 t ________℃ E_{N-t} = ________V $t_0=0$ ℃

序 号	1	2	3	4	5	6	7	8	9	10
温度 t/℃										
电动势/mV										
序 号	11	12	13	14	15	16	17	18	19	20
温度 t/℃										
电动势/mV										

注:E_{N-t} 为室温下电动势

2. 作出热电偶定标 E_x-t 曲线

用直角坐标系作 E_x-t 曲线。定标曲线为不光滑的折线,相邻点应直线相连,这样在两个校正点之间的变化关系用线性内插法予以近似,从而得到除校正点之外其他点的电动势和温度之间的关系。所以,作出了定标曲线,热电偶便可以作为温度计使用了。

3. 求铜—康铜热电偶的温差电系数 α

在本实验温度范围内,E_x-t 函数关系近似为线性,即 $E_x=\alpha\times t(t_0=0\ ℃)$。所以,在定标曲线上可给出线性化后的平均直线,从而求得 α。在直线上取两点 $a(E_a,t_a)$,$b(E_b,t_b)$(不要取原来测量的数据点,并且两点尽可能相距远一些),求斜率

$$K=\frac{E_b-E_a}{t_b-t_a} \tag{21-2}$$

即为所求的 $\bar{\alpha}$,分析其原理。

三、热电阻特性实验

实验目的

1. 研究Pt100铂电阻、Cu50铜电阻和热敏电阻(NTC和PTC)的温度特性及其测温原理。

2. 研究比较不同温度传感器的温度特性及其测温原理。

实验原理

1. Pt100铂电阻的测温原理

金属铂(Pt)的电阻值随温度变化而变化,并且具有很好的重现性和稳定性,利用铂的此种物理特性制成的传感器称为铂电阻温度传感器,通常使用的铂电阻温度传感器零度阻值为100 Ω,电阻变化率为0.385 1 Ω/℃。铂电阻温度传感器精度高,稳定性好,应用温度范围广,是中低温区(−200~650 ℃)最常用的一种温度检测器,不仅广泛应用于工业测温,而且被制

成各种标准温度计(涵盖国家和世界基准温度)供计量和校准使用。

按 IEC751 国际标准，温度系数 TCR＝0.003 851，Pt100($R_0=100\ \Omega$)，Pt1000($R_0=1\ 000\ \Omega$)为统一设计型铂电阻。

$$TCR=(R_{100}-R_0)/(R_0\times 100) \tag{21-3}$$

100 ℃时标准电阻值 $R_{100}=138.51\ \Omega$。

Pt100 铂电阻的阻值随温度变化而变化计算公式：

$$-200<t<0\ ℃\quad R_t=R_0[1+At+Bt^2+C(t-100)t^3] \tag{21-4}$$

$$0<t<850\ ℃\quad R_t=R_0(1+At+Bt^2] \tag{21-5}$$

式中：R_t 为在 t ℃时的电阻值；R_0 为在 0 ℃时的电阻值；$A=3.908\ 02\times 10^{-3}/℃$；$B=-5.802\times 10^{-7}/℃$；$C=-4.273\ 50\times 10^{-12}/℃$。

三线制接法要求引出的三根导线截面积和长度均相同，测量铂电阻的电路一般是不平衡电桥，铂电阻作为电桥的一个桥臂电阻，将导线一根接到电桥的电源端，其余两根分别接到铂电阻所在的桥臂及与其相邻的桥臂上，当桥路平衡时，通过计算可知：

$$R_t=\frac{R_1R_3}{R_2}+\frac{rR_1}{R_2}-r \tag{21-6}$$

当 $R_1=R_2$ 时，导线电阻的变化对测量结果没有任何影响，这样就消除了导线线路电阻带来的测量误差，但是必须为全等臂电桥，否则不可能完全消除导线电阻的影响，但分析可见，采用三线制会大大减小导线电阻带来的附加误差，工业上一般都采用三线制接法。

2. 热敏电阻温度特性原理(NTC 型)

热敏电阻是阻值对温度变化非常敏感的一种半导体电阻，它有负温度系数和正温度系数两种。负温度系数的热敏电阻(NTC)的电阻率随着温度的升高而下降(一般是按指数规律)；而正温度系数热敏电阻(PTC)的电阻率随着温度的升高而升高；金属的电阻率则是随温度的升高而缓慢地上升。热敏电阻对于温度的反应要比金属电阻灵敏得多，热敏电阻的体积也可以做得很小，用它来制成的半导体温度计，已广泛地使用在自动控制和科学仪器中，并在物理、化学和生物学研究等方面得到了广泛的应用。

在一定的温度范围内，半导体的电阻率ρ和温度 T 之间有如下关系：

$$\rho=A_1e^{B/T} \tag{21-7}$$

式中：A_1 和 B 是与材料物理性质有关的常数；T 为绝对温度。对于截面均匀的热敏电阻，其阻值 R_T 可用下式表示：

$$R_T=\rho\frac{l}{s} \tag{21-8}$$

式中：R_T 的单位为 Ω；ρ 的单位为 Ωcm；l 为两电极间的距离，单位为 cm；s 为电阻的横截面积，单位为 cm²。将式(21-7)代入式(21-8)，令 $A=A_1\frac{l}{s}$，于是可得：

$$R_T=Ae^{B/T} \tag{21-9}$$

对一定的电阻而言，A 和 B 均为常数。对式(21-9)两边取对数，则有

$$\ln R_T=B\frac{1}{T}+\ln A \tag{21-10}$$

$\ln R_T$ 与 $\frac{1}{T}$ 成线性关系，在实验中测得各个温度 T 的 R_T 值后，即可通过作图求出 B 和 A 值，

代入式(21－10),即可得到 R_T 的表达式。式中 R_T 为在温度 T(K)时的电阻值(Ω),A 为在某温度时的电阻值(Ω),B 为常数(K),其值与半导体材料的成分和制造方法有关。

图 21－5 表示了热敏电阻(NTC)与普通电阻的不同温度特性。

3. Cu50 铜电阻温度特性原理

铜电阻是利用物质在温度变化时本身电阻也随着发生变化的特性来测量温度的。铜电阻的受热部分(感温元件)是用细金属丝均匀地双绕在绝缘材料制成的骨架上,当被测介质中有温度梯度存在时,所测得的温度是感温元件所在范围内介质层中的平均温度。

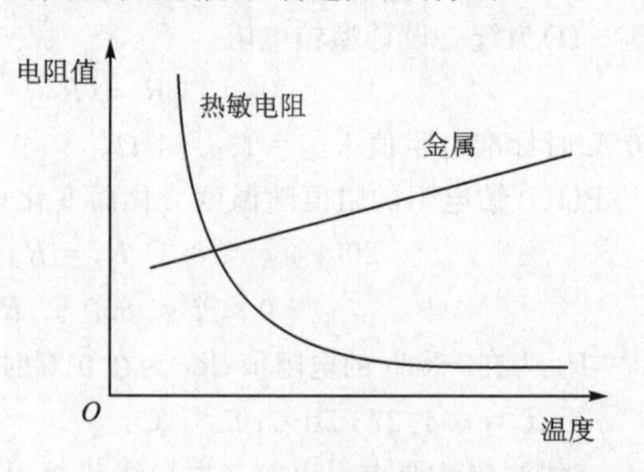

图 21－5　热敏电阻(NTC)与普通电阻的不同温度特性

实验仪器

九孔板,DH－VC1 直流恒压源恒流源,DH－SJ 型温度传感器实验装置,数字万用表,电阻箱。

实验内容与测量

(1) 将温度传感器直接插在温度传感器实验装置的恒温炉中。在传感器的输出端用数字万用表直接测量其电阻值。本实验的热敏电阻 NTC 温度传感器 25 ℃的阻值为 5 kΩ;PTC 温度传感器 25 ℃的阻值为 350 Ω。

(2) 在不同的温度下,观察 Pt100 铂电阻、热敏电阻(NTC 和 PTC)和 Cu50 铜电阻的阻值的变化,从室温到 120 ℃(注:PTC 温度实验从室温到 100 ℃),每隔 5℃(或自定度数)测一个数据,将测量数据逐一记录在表 21－3～表 21－6 中。

(3) 以温标为横轴,以阻值为纵轴,按等精度作图的方法,用所测的各对应数据作出 R_T-t 曲线。

(4) 分析比较它们的温度特性。

表 21－3　Pt100 铂电阻数据记录

室温________℃

序　号	1	2	3	4	5	6	7	8	9	10
温度/℃										
R/V										
序　号	11	12	13	14	15	16	17	18	19	20
温度/℃										
R/V										

表 21－4 NTC 负温度系数热敏电阻数据记录

室温＿＿＿＿℃

序 号	1	2	3	4	5	6	7	8	9	10
温度/℃										
R/V										
序 号	11	12	13	14	15	16	17	18	19	20
温度/℃										
R/V										

表 21－5 PTC 正温度系数热敏电阻数据记录

室温＿＿＿＿℃

序 号	1	2	3	4	5	6	7	8	9	10
温度/℃										
R/V										
序 号	11	12	13	14	15	16	17	18	19	20
温度/℃										
R/V										

表 21－6 Cu50 铜电阻数据记录

室温＿＿＿＿℃

序 号	1	2	3	4	5	6	7	8	9	10
温度/℃										
R/V										
序 号	11	12	13	14	15	16	17	18	19	20
温度/℃										
R/V										

讨论题

1. 负温度系数的热敏电阻与正温度系数的热敏电阻的区别。
2. 温差电动势的形成原因。
3. 如何解释伏打定律？

结 论

通过实验现象和实验结果的分析，你得到什么结论？

实验22

太阳能电池的基本特性研究

人类面临着有限常规能源和环境破坏严重的双重压力，能源问题已经成为越来越值得关注的社会与环境问题。太阳能电池是一种将太阳或其他光源的光能直接转化为电能的器件，应用广泛，除了用于人造卫星和航空航天领域之外，还已应用于许多民用领域，如太阳能电站、太阳能电话通信系统、太阳能卫星地面接收站、太阳能微波中继站、太阳能汽车、太阳能游艇、太阳能收音机、太阳能手表、太阳能手机、太阳能计算机等。本实验主要探讨太阳能电池的结构、工作原理及其电学和光学方面的基本特性。

实验目的

1. 了解太阳能电池的基本结构和基本原理。
2. 掌握测量太阳能电池的基本特性和主要参数的基本原理与基本方法。
3. 测量太阳能电池的短路电流和光强之间的关系、开路电压和光强之间的关系。

实验仪器

ZKY-SAC-I型太阳能电池特性实验仪如图22-1、图22-2所示。

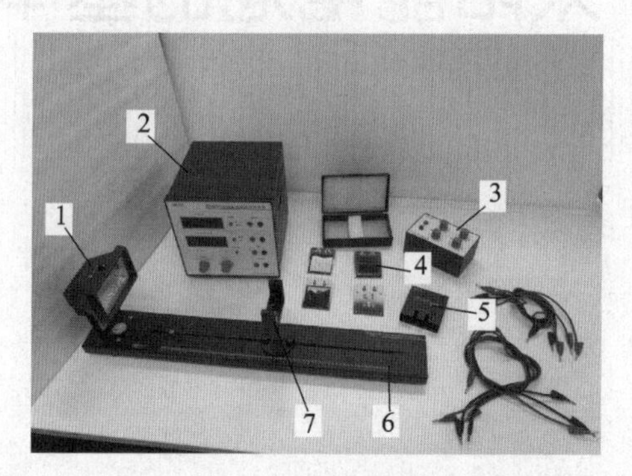

1—光源；2—测试仪；3—可变负载；4—太阳能电池；5—遮光罩；6—导轨；7—滑动支架

图22-1 太阳能电池实验装置

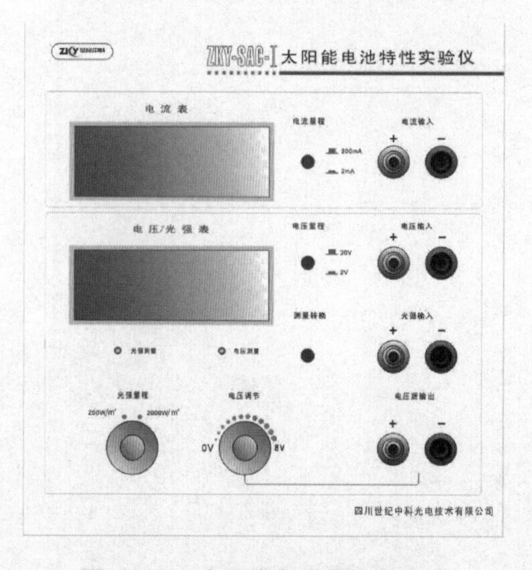

图22-2 太阳能电池特性实验仪

实验原理

我们知道，物质的原子是由原子核和电子所组成的。原子核带正电，电子带负电，电子按照一定的轨道绕原子核旋转，每个原子的外层电子都有固定的位置，并受原子核的约束，当它们在外来能量的激发下，如受到太阳光辐射时，就会摆脱原子核的束缚而成为自由电子，同时在它原来的地方留出一个空位，即半导体学中所谓的“空穴”。由于电子带负电，按照电中性原理，这个空穴就表现为带正电。电子和空穴就是单晶硅中可以运动的电荷，即所谓的“载流子”。如果在硅晶体中掺入能够俘获电子的三价杂质元素，就构成了空穴型半导体，简称 P 型半导体。如果掺入能够释放电子的五价杂质元素，就构成了电子型半导体，简称 N 型半导体。把这两种半导体结合在一起，由于电子和空穴的扩散，在交界面便会形成 P－N 结，并在结的两边形成内电场，如图 22－3 所示。

当光电池受光照射时，部分电子被激发而产生电子—空穴对，在结区激发的电子和空穴分别被势垒电场推向 N 区和 P 区，使 N 区有过量的电子而带负电，P 区有过量的空穴而带正电，P－N 结两端形成电压，这就是光伏效应，若将 P－N 结两端接入外电路，就可向负载输出电能。

在一定的光照条件下，改变太阳能电池负载电阻的大小，测量其输出电压与输出电流，得到输出伏安特性，如图 22－4 实线所示。

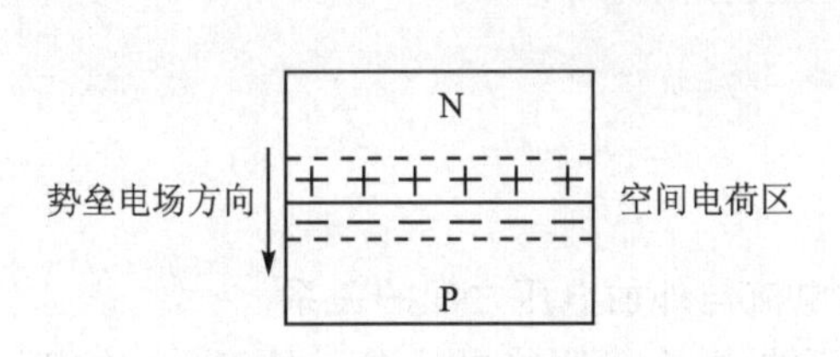

图 22－3　P－N 结示意图

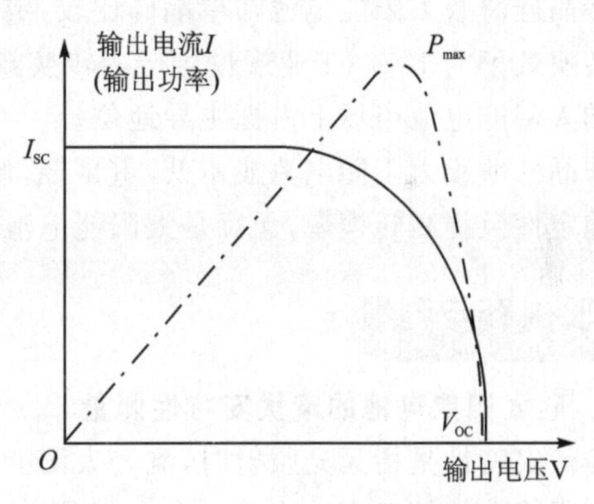

图 22－4　太阳能电池输出特性

负载电阻为零时测得的最大电流 I_{SC} 称为短路电流。负载断开时测得的最大电压 V_{OC} 称为开路电压。

太阳能电池的输出功率为输出电压与输出电流的乘积。同样的电池及光照条件，负载电阻大小不一样时，输出的功率是不一样的。若以输出电压为横坐标，输出功率为纵坐标，绘出的 $P-V$ 曲线如图 22－4 点画线所示。

输出电压与输出电流的最大乘积值称为最大输出功率 P_{max}。

填充因子 $F \cdot F$ 定义为：

$$F \cdot F = \frac{P_{max}}{V_{oc} \times I_{sc}} \tag{22-1}$$

填充因子是表征太阳电池性能优劣的重要参数，其值越大，电池的光电转换效率越高，一般的硅光电池 $F \cdot F$ 值在 0.75～0.8 之间。

转换效率 η_s 定义为：

$$\eta_s = \frac{P_{max}}{P_{in}} \times 100\% \tag{22-2}$$

P_{in} 为入射到太阳能电池表面的光功率。

理论分析及实验表明,在不同的光照条件下,短路电流随入射光功率线性增长,而开路电压在入射光功率增加时只略微增加,如图 22-5 所示。

硅太阳能电池分为单晶硅太阳能电池、多晶硅薄膜太阳能电池和非晶硅薄膜太阳能电池三种。

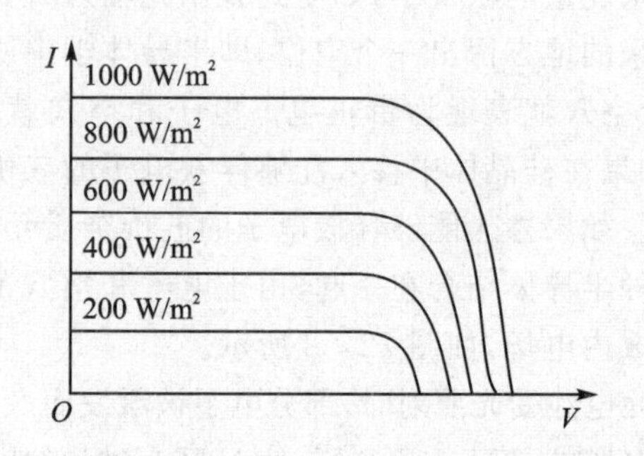

图 22-5　不同光照条件下的 $I-V$ 曲线

单晶硅太阳能电池转换效率最高,技术也最为成熟。在实验室里最高的转换效率为 24.7%,规模生产时的效率可达到 15%。在大规模应用和工业生产中仍占据主导地位。但由于单晶硅价格高,大幅度降低其成本很困难,为了节省硅材料,发展了多晶硅薄膜和非晶硅薄膜作为单晶硅太阳能电池的替代产品。

多晶硅薄膜太阳能电池与单晶硅比较,成本低廉,而效率高于非晶硅薄膜电池,其实验室最高转换效率为 18%,工业规模生产的转换效率可达到 10%。因此,多晶硅薄膜电池可能在未来的太阳能电池市场上占据主导地位。

非晶硅薄膜太阳能电池成本低,重量轻,便于大规模生产,有极大的潜力。如果能进一步解决稳定性及提高转换率,无疑是太阳能电池的主要发展方向之一。

实验内容与测量

1. 硅太阳能电池的暗伏安特性测量

暗伏安特性是指无光照射时,流经太阳能电池的电流与外加电压之间的关系。

太阳能电池的基本结构是一个大面积平面 P—N 结,单个太阳能电池单元的 P—N 结面积已远大于普通的二极管。在实际应用中,为得到所需的输出电流,通常将若干电池单元并联。为得到所需输出电压,通常将若干已并联的电池组串联。因此,它的伏安特性虽类似于普通二极管,但取决于太阳能电池的材料、结构及组成组件时的串并联关系。

本实验提供的组件是将若干单元并联,要求测试并画出单晶硅、多晶硅、非晶硅太阳能电池组件在无光照时的暗伏安特性曲线。用遮光罩罩住太阳能电池。

测试原理图如图 22-6 所示。将待测的太阳能电池接到测试仪上的"电压输出"接口,电阻箱调至 50 Ω 后串联进电路起保护作用,用电压表测量太阳能电池两端电压,电流表测量回路中的电流。

将电压源调到 0 V,然后逐渐增大输出电压,每间隔 0.3 V 记一次电流值。记录到表 22-1 中。

将电压输入调到 0V。然后将"电压输出"接口的两根连线互换,即给太阳能电池加上反向的电压。逐渐增大反向电压,记录电流随电压变换的数据于表 22-1 中。

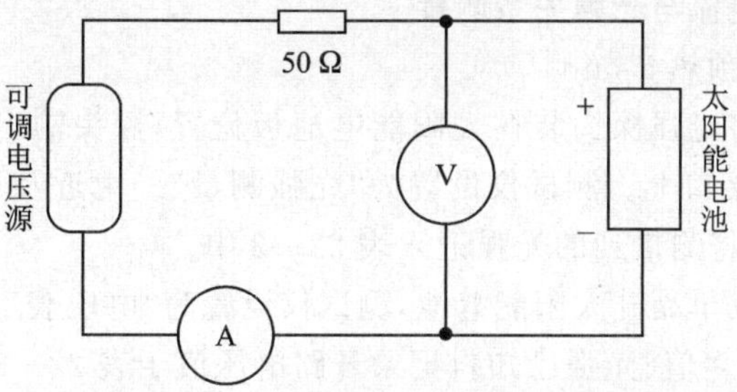

可调电压源
50 Ω
V
A
+
−
太阳能电池

图 22-6　伏安特性测量接线原理图

表 22-1　3 种太阳能电池的暗伏安特性测量

电压/V	电流/mA		
	单晶硅	多晶硅	非晶硅
−7			
−6			
−5			
−4			
−3			
−2			
−1			
0			
0.3			
0.6			
0.9			
1.2			
1.5			
1.8			
2.1			
2.4			
2.7			
3			
3.3			
3.6			
3.9			

2. 开路电压、短路电流与光强关系测量

(1) 打开光源开关,预热5 min。

(2) 打开遮光罩。将光强探头装在太阳能电池板位置,探头输出线连接到太阳能电池特性测试仪的“光强输入”接口上。测试仪设置为“光强测量”。由近及远移动滑动支架,测量距光源一定距离的光强 I,将测量到的光强记入表22-2中。

(3) 将光强探头换成单晶硅太阳能电池,测试仪设置为“电压表”状态。按图22-7中(a)接线,按测量光强时的距离值(光强已知),记录开路电压值于表22-2中。

(4) 按图22-7中(b)接线,记录短路电流值于表22-2中。

(5) 将单晶硅太阳能电池更换为多晶硅太阳能电池,重复测量步骤,并记录数据。

(6) 将多晶硅太阳能电池更换为非晶硅太阳能电池,重复测量步骤,并记录数据。

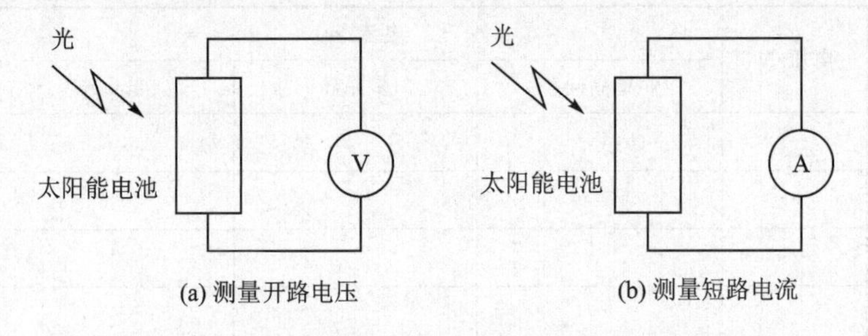

图22-7 开路电压,短路电流与光强关系示意图

表22-2 3种太阳能电池开路电压与短路电流随光强变化关系

距离/cm		15	20	25	30	35	40	45	50
光强 $I/(\mathrm{W\cdot m^{-2}})$									
单晶硅	开路电压 V_{OC}/V								
	短路电流 I_{SC}/mA								
多晶硅	开路电压 V_{OC}/V								
	短路电流 I_{SC}/mA								
非晶硅	开路电压 V_{OC}/V								
	短路电流 I_{SC}/mA								

3. 太阳能电池输出特性实验

按图22-8接线,以电阻箱作为太阳能电池负载。在一定光照强度下(将滑动支架固定在导轨上某一个位置),分别将三种太阳能电池板安装到支架上,通过改变电阻箱的电阻值,记录太阳能电池的输出电压 V 和电流 I,并计算输出功率 $P_o=V\times I$,填于表22-3中。

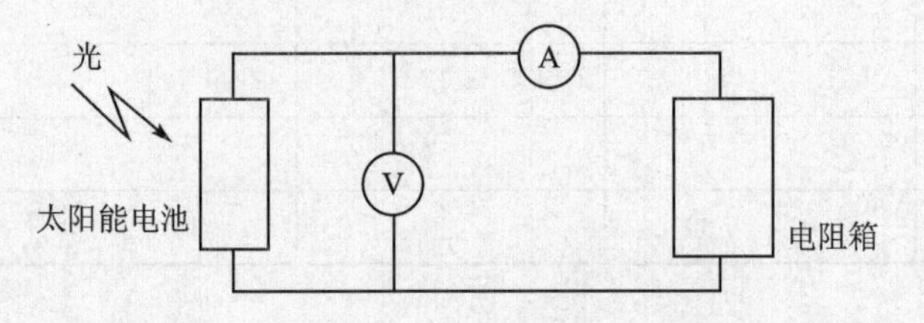

图22-8 测量太阳能电池输出特性

表 22-3　三种太阳能电池输出特性实验记录表

单晶硅	输出电压 V/V	0	0.2	0.4	0.6	0.8	1	1.2	1.4	1.6	…
	输出电流 I/A										
	输出功率 P_o/W										
多晶硅	输出电压 V/V	0	0.2	0.4	0.6	0.8	1	1.2	1.4	1.6	…
	输出电流 I/A										
	输出功率 P_o/W										
非晶硅	输出电压 V/V	0	0.2	0.4	0.6	0.8	1	1.2	1.4	1.6	…
	输出电流 I/A										
	输出功率 P_o/W										

数据处理

1. 以电压作为横坐标，电流作为纵坐标，根据表 22-2 画出 3 种太阳能电池的伏安特性曲线。

2. 根据表 22-2 数据，画出 3 种太阳能电池的开路电压随光强变化的关系曲线、短路电流随光强变化的关系曲线。

3. 根据表 22-3 数据作 3 种太阳能电池的输出伏安特性曲线及功率曲线，并与图 22-4 比较。找出最大功率点，对应的电阻值即为最佳匹配负载。

4. 由式(22-1)计算填充因子；由式(22-2)计算转换效率。入射到太阳能电池板上的光功率 $P_{in}=I\times S_1$，I 为入射到太阳能电池板表面的光强，S_1 为太阳能电池板面积(约为 50 mm×50 mm)。

注意事项

1. 在预热光源的时候，需用遮光罩罩住太阳能电池，以降低太阳能电池的温度，减小实验误差。

2. 光源工作及关闭后的约 1 h 期间，灯罩表面的温度都很高，请不要触摸；可变负载只能适用于本实验，否则可能烧坏可变负载。

3. 220 V 电源需可靠接地。

讨论题

1. 讨论太阳能电池的暗伏安特性与一般二极管的伏安特性有何异同。

2. 哪种太阳能电池转换效率最高？

结　论

通过实验现象和实验结果的分析，你得到什么结论？

附录 A 物理量的单位(国际单位制)

物理量名称	单位名称	单位符号
长度	米	m
质量	千克	kg
时间	秒	s
电流强度	安培	A
热力学温度	开尔文	K
物质的量	摩尔	mol
发光强度	坎德拉	cd
频率	赫兹	$Hz(s^{-1})$
速度	米每秒	m/s
角速度	弧度每秒	rad/s
力	牛顿	N
压力、压强、应力	帕斯卡	$Pa(N/m^2)$
冲量、动量	牛顿秒	N·s
功、能量、热量	焦耳	J(N·m)
功率	瓦特	W(J/s)
电荷量	库仑	C(A·s)
电位、电压、电动势、电势	伏特	V(W/A)
电阻	欧姆	Ω(V/A)
电容	法拉	F(C/V)
电导	西门子	S(A/V)
磁通量	韦伯	Wb(V·s)
磁感应强度	特斯拉	$T(Wb/m^2)$
电感	亨利	H(Wb/A)
摄氏温度	摄氏度	℃(K)
光通量	流明	Lm(cd·sr)
光照度	勒克斯	$lx(lm/m^2)$

注:(　　)内的符号为导出单位符号。

附录 B 常用物理学常数表

名称	符号	数值	单位
真空中光速	c	299 792 458	$m\cdot s^{-1}$
真空中磁导率	μ_0	$12.566\ 370\ 614\cdots\times10^{-7}$	$N\cdot A^{-2}$
真空电容率	ε_0	$8.854\ 187\ 817\cdots\times10^{-12}$	$F\cdot m^{-1}$
基本电荷	e	$1.602\ 176\ 565(35)\times10^{-19}$	C
电子质量	m_e	$9.109\ 382\ 91(40)\times10^{-31}$	kg
质子质量	m_p	$1.672\ 621\ 777(74)\times10^{-27}$	kg
电子荷质比	$-e/m_e$	$-1.758\ 820\ 088(39)\times10^{11}$	$C\cdot kg^{-1}$
引力常数	G	$6.673\ 84(80)\times10^{11}$	$m^3\cdot kg^{-1}\cdot s^{-2}$
普朗克常数	h	$6.626\ 069\ 57(29)\times10^{-34}$	J·S
阿伏伽德罗常数	N_A	$6.022\ 141\ 29(27)\times10^{23}$	mol^{-1}
玻尔兹曼常量	K	$1.380\ 648\ 8(13)\times10^{-23}$	$J\cdot K^{-1}$
摩尔气体常量	R	8.314 462 1(75)	$J\cdot mol^{-1}\cdot K^{-1}$

附录C　20 ℃时金属的弹性模量

金属	弹性模量/(10^{11}N·m^{-2})	金属	弹性模量/(10^{11}N·m^{-2})
铝	0.69～0.70	镍	2.03
钨	4.07	铬	2.35～2.45
铁	1.86～2.06	合金钢	2.06～2.16
铜	1.03～1.27	碳钢	1.96～2.06
金	0.77	康铜	1.60
银	0.69～0.80	铸钢	1.72
锌	0.78	硬铝合金	0.71

附录D　某些物质中的声速

物质	v/(m·s^{-1})	物质	v/(m·s^{-1})
空气(0℃)	331.45	水(20℃)	1482.9
一氧化碳(CO)	337.1	酒精(20℃)	1168
二氧化碳(CO_2)	259.0	铝(Al)	5000
氧(O_2)	317.2	铜(Cu)	3750
氩(Ar)	319	不锈钢	5000
氢(H_2)	1279.5	金(Au)	2030
氮(N_2)	337	银(Ag)	2680

附录E　常用光源的光谱线波长

10^{-9}m

H(氢)	Na(钠)	He—Ne 激光
656.28	589.59	632.8
486.13	589.00	
434.05	568.83	
410.17	568.28	
397.01	557.58	
388.90		
Hg(汞)	**Ar(氩)**	**红宝石激光**
690.75	528.70	694.3
623.44	514.53	693.4
607.26	501.72	510.0
579.07	496.51	360.0
576.96	487.99	
546.07	476.44	
491.60	472.69	
435.84	465.79	
410.84	457.94	
407.78	454.50	
404.66	437.07	

附录F 汞光谱线的波长(在可见光区域)

颜色	波长 λ/nm	相对强度
紫色	404.65	强
	407.78	强
	410.80	弱
蓝紫	433.92	弱
	434.75	弱
蓝色	435.83	很强
蓝绿色	491.60	较强
	496.03	弱
绿色	535.40	弱
	546.07	很强
黄绿	567.58	弱
黄色	576.96	很强
	579.06	很强
	579.02	弱
	585.93	弱
橙色	607.26	弱
红色	612.34	较强
	623.43	强

附录G 晶体及光学玻璃折射率

物质名称	折射率	物质名称	折射率
熔凝石英	1.458 43	重冕玻璃 ZK6	1.612 60
氯化钠(NaCl)	1.544 27	重冕玻璃 ZK8	1.614 00
氯化钾(KCl)	1.490 44	重冕玻璃 BaK2	1.539 90
萤石(CaF_2)	1.433 81	火石玻璃 F8	1.605 51
冕牌玻璃 K6	1.511 10	重火石玻璃 2F1	1.647 50
冕牌玻璃 K8	1.511 90	重火石玻璃 2F6	1.755 00
冕牌玻璃 K9	1.516 30	钡火石玻璃 BaF8	1.625 90

附录H 材料相对磁导率表

组　别	材　料	相对磁导率 μ_r
抗磁性物质	铋	0.999 83
	银	0.999 98
	铅	0.999 983
	铜	0.999 991
	水	0.999 991
非磁性物质	真空	1

续表

组　别	材　料	相对磁导率 μ_r
顺磁性物质	空气	1.000 000 4
	铝	1.000 2
	钯	1.000 8
铁磁性物质	2-81 坡莫合金(2Mo,81Ni)	130
	钴	250
	镍	600
	锰锌铁淦氧 3	1 500
	软钢(0.2C)	2 000
	铁(0.2 杂质)	5 000
	硅钢(0.4Si)	7 000
	78 坡莫合金(78.5Ni)	100 000
	纯铁(0.05 杂质)	200 000
	导磁合金(5Mo,79Ni)	1 000 000

附录 I　铜电阻 Cu50 的电阻-温度特性

温度/℃	0	1	2	3	4	5	6	7	8	9
	电阻值/Ω									
−50	39.24									
−40	41.40	41.18	40.97	40.75	40.54	40.32	40.10	39.89	39.67	39.46
−30	43.55	43.34	43.12	42.91	42.69	42.48	42.27	42.05	41.83	41.61
−20	45.70	45.49	45.27	45.06	44.84	44.63	44.41	42.20	43.98	43.77
−10	47.85	47.64	47.42	47.21	46.99	46.78	46.56	46.35	46.13	45.92
−0	50.00	49.78	49.57	49.35	49.14	48.92	48.71	48.50	48.28	48.07
0	50.00	50.21	50.43	50.64	50.86	51.07	51.28	51.50	51.81	51.93
10	52.14	52.36	52.57	52.78	53.00	53.21	53.43	53.64	53.86	54.07
20	54.28	54.50	54.71	54.92	55.14	55.35	55.57	55.78	56.00	56.21
30	56.42	56.64	56.85	57.07	57.28	57.49	57.71	57.92	58.14	58.35
40	58.56	58.78	58.99	59.20	59.42	59.63	59.85	60.06	60.27	60.49
50	60.70	60.92	61.13	61.34	61.56	61.77	61.93	62.20	62.41	62.63
60	62.84	63.05	63.27	63.48	63.70	63.91	64.12	64.34	64.55	64.76
70	64.98	65.19	65.41	65.62	65.83	66.05	66.26	66.48	66.69	66.90
80	67.12	67.33	67.54	67.76	67.97	68.19	68.40	68.62	68.83	69.04
90	69.26	69.47	69.68	69.90	70.11	70.33	70.54	70.76	70.97	71.18
100	71.40	71.61	71.83	72.04	72.25	72.47	72.68	72.90	73.11	73.33
110	73.54	73.75	73.97	74.18	74.40	74.61	74.83	75.04	75.26	75.47
120	75.68									

附录J 铂电阻Pt100分度表(ITS-90)

R(0 ℃)=100.00 Ω

温度/℃	0	1	2	3	4	5	6	7	8	9
	R/Ω									
0	100.00	100.39	100.78	101.17	101.56	101.95	102.34	102.73	103.12	103.51
10	103.90	104.29	104.68	105.07	105.46	105.85	106.24	106.63	107.02	107.40
20	107.79	108.18	108.57	108.96	109.35	109.73	110.12	110.51	110.90	111.29
30	111.67	112.06	112.45	112.83	113.22	113.61	114.00	114.38	114.77	115.15
40	115.54	115.93	116.31	116.70	117.08	117.47	117.86	118.24	118.63	119.01
50	119.40	119.78	120.17	120.55	120.94	121.32	121.71	122.09	122.47	122.86
60	123.24	123.63	124.01	124.39	124.78	125.16	125.54	125.93	126.31	126.69
70	127.08	127.46	127.84	128.22	128.61	128.99	129.37	129.75	130.13	130.52
80	130.90	131.28	131.66	132.04	132.42	132.80	133.18	133.57	133.95	134.33
90	134.71	135.09	135.47	135.85	136.23	136.61	136.99	137.37	137.75	138.13
100	138.51	138.88	139.26	139.64	140.02	140.40	140.78	141.16	141.54	141.91
110	142.29	142.67	143.05	143.43	143.80	144.18	144.56	144.94	145.31	145.69
120	146.07	146.44	146.82	147.20	147.57	147.95	148.33	148.70	149.08	149.46
130	149.83	150.21	150.28	150.96	151.33	151.71	152.08	152.46	152.83	153.21
140	153.58	153.96	154.33	154.71	155.08	155.46	155.83	156.20	156.58	156.95
150	157.33	157.70	158.07	158.45	158.82	159.19	159.56	159.94	160.31	160.95
160	161.05	161.43	161.80	162.17	162.54	162.91	163.29	163.66	164.03	164.40
170	164.77	165.14	165.51	165.89	166.26	166.63	167.00	167.37	167.74	168.11
180	168.48	168.85	169.22	169.59	169.96	170.33	170.70	171.07	171.43	171.80
190	172.17	172.54	172.91	173.28	173.65	174.02	174.38	174.75	175.12	175.49
200	175.86	176.22	176.59	176.96	177.33	177.69	178.06	178.43	178.79	179.16

附录K 铜-康铜热电偶分度表

温度/℃	热电势/mV									
	0	1	2	3	4	5	6	7	8	9
−10	−0.383	−0.421	−0.458	−0.496	−0.534	−0.571	−0.608	−0.646	−0.683	−0.720
−0	0.000	−0.039	−0.077	−0.116	−0.154	−0.193	−0.231	−0.269	−0.307	−0.345
0	0.000	0.039	0.078	0.117	0.156	0.195	0.234	0.273	0.312	0.351
10	0.391	0.430	0.470	0.510	0.549	0.589	0.629	0.669	0.709	0.749
20	0.789	0.830	0.870	0.911	0.951	0.992	1.032	1.073	1.114	1.155
30	1.196	1.237	1.279	1.320	1.361	1.403	1.444	1.486	1.528	1.569
40	1.611	1.653	1.695	1.738	1.780	1.865	1.882	1.907	1.950	1.992
50	2.035	2.078	2.121	2.164	2.207	2.250	2.294	2.337	2.380	2.424
60	2.467	2.511	2.555	2.599	2.643	2.687	2.731	2.775	2.819	2.864

续表

温度/℃	热电势/mV									
	0	1	2	3	4	5	6	7	8	9
70	2.908	2.953	2.997	3.042	3.087	3.131	3.176	3.221	3.266	3.312
80	3.357	3.402	3.447	3.493	3.538	3.584	3.630	3.676	3.721	3.767
90	3.813	3.859	3.906	3.952	3.998	4.044	4.091	4.137	4.184	4.231
100	4.277	4.324	4.371	4.418	4.465	4.512	4.559	4.607	4.654	4.701
110	4.749	4.796	4.844	4.891	4.939	4.987	5.035	5.083	5.131	5.179
120	5.227	5.275	5.324	5.372	5.420	5.469	5.517	5.566	5.615	5.663
130	5.712	5.761	5.810	5.859	5.908	5.957	6.007	6.056	6.105	6.155
140	6.204	6.254	6.303	6.353	6.403	6.452	6.502	6.552	6.602	6.652
150	6.702	6.753	6.803	6.853	6.903	6.954	7.004	7.055	7.106	7.156
160	7.207	7.258	7.309	7.360	7.411	7.462	7.513	7.564	7.615	7.666
170	7.718	7.769	7.821	7.872	7.924	7.975	8.027	8.079	8.131	8.183
180	8.235	8.287	8.339	8.391	8.443	8.495	8.548	8.600	8.652	8.705
190	8.757	8.810	8.863	8.915	8.968	9.024	9.074	9.127	9.180	9.233
200	9.286									

剪
切
线

附录L　实验数据记录表格

表1-1　游标卡尺测量圆筒几何尺寸

精密度：________ mm

待测量	测量次数	测量值/mm	平均值/mm
$D_{内}$	1		
	2		
	3		
	4		
	5		
	6		
$D_{外}$	1		
	2		
	3		
	4		
	5		
	6		
H	1		
	2		
	3		
	4		
	5		
	6		

教师签名：________________

表 1-2 螺旋测微器测量直径

精密度:________ mm　　　　零点读数:d_0=________ mm

待测量	测量次数	末读数/mm	测量值 d/mm（末读数$-d_0$）	平均值/mm
D	1			
	2			
	3			
	4			
	5			
	6			
d	1			
	2			
	3			
	4			
	5			
	6			

教师签名:________________

剪切线

表 2-1　钢丝伸长与外力的关系

序号	砝码质量	望远镜中读数 X_i/cm			$\Delta X_i = \mid X_{i+4} - X_i \mid$
		减重	加重	平均值	
1	1 kg				$\Delta X_1 = \mid X_5 - X_1 \mid$
2	2 kg				
3	3k g				$\Delta X_2 = \mid X_6 - X_2 \mid$
4	4 kg				
5	5 kg				$\Delta X_3 = \mid X_7 - X_3 \mid$
6	6 kg				
7	7 kg				$\Delta X_4 = \mid X_8 - X_4 \mid$
8	8 kg				
$\overline{\Delta X}$	$\overline{\Delta X} = (\Delta X_1 + \Delta X_2 + \Delta X_3 + \Delta X_4)/16$				

表 2-2　钢丝直径数据表

千分尺初读数 d_0=________ mm

测量次数	1	2	3	4	5	6
末读数 d'/mm						
直径 $d = d' - d_0$/mm						

表 2-3　L、D、l 数据测量表

单位:cm

被测物理量	L	D	l
测量值			

教师签名:________________

剪切线

表 3－1　转动惯量测量数据表

物体名称	质量/kg	几何尺寸/10^{-2} m		周期/s		转动惯量理论值 J_i'/(10^{-4} kg·m²)	转动惯量实验值 J_i/(10^{-4} kg·m²)	相对误差
金属载物盘				$10T_0$				
				$\overline{T}_0$				
塑料圆柱		D_1		$10T_1$				
		$\overline{D}_1$		$\overline{T}_1$				
金属圆筒		$D_{外}$		$10T_2$				
		$\overline{D}_{外}$						
		$D_{内}$						
		$\overline{D}_{内}$		$\overline{T}_2$				
木球		D_3		$10T_3$				
		$\overline{D}_3$		$\overline{T}_3$				
金属细杆		L		$10T_4$				
		$\overline{L}$		$\overline{T}_4$				

教师签名：________________

剪切线

表 3-2　验证转动惯量平行轴定理数据表

滑块参数：$m_{滑}$=________ g，　$D_{滑外}$=________ cm，　$D_{滑内}$=________ cm，　$H_{滑}$=________ cm

$x/10^{-2}$m	5.00	10.00	15.00	20.00	25.00
$5T$/s					
$\overline{T}$/s					
实验值 $J/(10^{-4}\text{kg}\cdot\text{m}^2)$ $J=\frac{K}{4\pi^2}\overline{T}^2$					
理论值 $J'/(10^{-4}\text{kg}\cdot\text{m}^2)$ $J'=J'_4+2m_{滑}x^2+2J'_5$					
相对误差					

教师签名：________________

剪切线

表 4-1 空气比热容比测定数据记录表格

N	$P_0/10^5$Pa	T_0/mV	P_1'		P_2'		γ
			mV	kPa	mV	kPa	
1	1.024 8						
2							
3							
4							
5							
6							
7							
8							
9							
10							
$\bar{\gamma}$							

教师签名：________________

剪切线

表 5-1 振幅 θ 与 $T_0(\omega_0)$ 关系数据记录表

振幅 $\theta/(°)$	周期 T_0/s	固有角频率 ω_0/s^{-1} $(=2\pi/T_0)$	振幅 $\theta/(°)$	周期 T_0/s	固有角频率 ω_0/s^{-1} $(=2\pi/T_0)$	振幅 $\theta/(°)$	周期 T_0/s	固有角频率 ω_0/s^{-1} $(=2\pi/T_0)$

教师签名：________________

剪切线

表 5-2　阻尼系数 β 测量数据记录表

阻尼等级________　　　　$10T=$____________

序号 i	振幅 $\theta_i/(°)$	序号 i	振幅 $\theta_{i+5}/(°)$	$\ln\frac{\theta_i}{\theta_{i+5}}$
1		6		
2		7		
3		8		
4		9		
5		10		
$\ln\frac{\theta_i}{\theta_{i+5}}$的平均值				

表 5-3　幅频特性和相频特性测量数据记录表

阻尼等级________

电动机转速刻度值	电机 10 次振动周期 $10T$/s	强迫力周期 T/s	振幅 $\theta/(°)$	对应固有周期 T_0/s（查表 5-1）	角频率比 $\frac{\omega}{\omega_0}=\frac{T_0}{T}$	相位差 φ 测量值/(°)	φ'理论值 $\arctan\frac{\beta T_0^2 T}{\pi(T^2-T_0^2)}$
						30	
						40	
						50	
						60	
						70	
						80	
						85	
						90	
						95	
						100	
						110	
						120	
						130	
						140	
						150	

教师签名：____________

剪切线

表 6-1　1 kΩ 电阻器伏安曲线测试数据表

电流表内接测试				电流表外接测试			
U/V	I/A	R 直算值/Ω	R 修正值/Ω	U/V	I/A	R 直算值/Ω	R 修正值/Ω

表 6-2　反向伏安曲线测试数据表

U/V								
I/μA								
电阻计算值/kΩ								

表 6-3　正向伏安曲线测试数据表

正向伏安曲线测试数据 I/mA								
U/V								
电阻直算值/kΩ								
电阻修正值/Ω								

表 6-4　2EZ7.5D5 硅稳压二极管反向伏安特性测试数据表

电流表接法	测量数据								
内接式	U/V								
	I/μA								
外接式	I/mA								
	U/V								

教师签名：________________

剪切线

表 7-1 用简易电桥测量未知电阻($R_{x1}\approx500\ \Omega$,$R_{x2}\approx5\ 000\ \Omega$)

待测电阻	供桥电压/V	比率 M	R_0/Ω	R'_0/Ω	$R_x=\sqrt{R_0R'_0}/\Omega$	Δd/格	$\Delta R_0/\Omega$	S/格
R_{x1}	8.0	1.0				2.0		
	4.0	1.0				2.0		
R_{x2}	8.0	1.0				2.0		
	4.0	1.0				2.0		

表 7-2 单臂电桥比率选择表

被测电阻 R_x/Ω	S 盘	比率 M	标度盘数值 R_0/Ω
$10\sim10^2$	单	0.1	$10^2\sim10^3$
$10^2\sim10^3$		1 000/1 000	
$10^3\sim10^4$		10	
$10^4\sim10^5$		100	
$10^5\sim10^6$		1 000	

表 7-3 用箱式电桥测量未知电阻($R_{x1}\approx500\ \Omega$,$R_{x2}\approx5\ 000\ \Omega$)

待测电阻	比率 M	R_0/Ω	$Rx=MR_0/\Omega$	Δd/格	$\Delta R_0/\Omega$	S/格
R_{x1}	1 000/1 000					
R_{x2}	10					

教师签名:________________

剪切线

表 8-1 校准信号参数

被测量	H_{pp}/cm	S/(V·cm^{-1})	V_{pp}/V	L/cm	S_1/(s·cm^{-1})	T/s	f/Hz
测量值							

表 8-2 信号发生器频率测定

输出信号频率/Hz	扫描速率 S_1/(s·cm^{-1})	波长 L/cm	计算频率 f/Hz
100			
200			
500			
1 000			
2 000			
5 000			
10 000			
20 000			
50 000			
100 000			

表 8-3 示波器频率校正

f_x=50 Hz

f_y/Hz	25	50	75	100	150	200
f_x/f_y	2/1	1/1	2/3	1/2	1/3	1/4
李萨如图形						
X 轴交点数 N_x						
Y 轴交点数 N_y						
信号发生器 B 路频率 f'_y/Hz						
校正值 $\Delta f=f'_y-f_y$/Hz						

教师签名：________________

剪切线

表 9-1 驻波法声速测量记录表格

温度 $t=$______℃ 工作频率 $f=$______Hz

位置 次数	x_1/mm	x_2/mm	x_3/mm	x_4/mm
1				
2				
3				
4				
5				
平均值 x_i				

表 9-2 行波法声速测量记录表格

温度 $t=$______℃ 工作频率 $f=$______Hz

位置 次数	x_1/mm	x_2/mm	x_3/mm	x_4/mm
1				
2				
3				
4				
5				
平均值 x_i				

教师签名：______

剪切线

表 10-1　磁场强度 H、磁感应强度 B 和磁导率 μ 数据记录表

U/V	$H/(10^4\,\mathrm{A/m})$	$B/(10^2\,\mathrm{T})$	$\mu=B/H$ $\mu/(\mathrm{H\cdot m^{-1}})$
0			
0.5			
0.9			
1.2			
1.5			
1.8			
2.1			
2.4			
2.7			
3.0			
3.5			

教师签名：________________

剪切线

表 11-1 霍尔电压随霍尔电流变化关系

I_M=0.45 A　　I_S 取值:1.00～4.50 mA

I_s/mA	V_1/mV	V_2/mV	V_3/mV	V_4/mV	$V_H=\frac{V_1-V_2+V_3-V_4}{4}$
	$+I_s$、$+B$	$+I_s$、$-B$	$-I_s$、$-B$	$-I_s$、$+B$	V_H/mV
1.00					
1.50					
2.00					
2.50					
3.00					
3.50					
4.00					
4.50					

表 11-2 霍尔电压随励磁电流变化关系

I_S=0.45 mA　　I_M 取值:1.00～4.50 A

I_M/mA	V_1/mV	V_2/mV	V_3/mV	V_4/mV	$V_H=\frac{V_1-V_2+V_3-V_4}{4}$
	$+I_s$、$+B$	$+I_s$、$-B$	$-I_s$、$-B$	$-I_s$、$+B$	V_H/mV
0.100					
0.150					
0.200					
0.250					
0.300					
0.350					
0.400					
0.450					

教师签名:________________

剪切线

表 12－1　用迈克尔逊干涉仪测定 He－Ne 激光波长数据记录表

测量次数	条纹数	d_i/mm	测量次数	条纹数	d_i/mm
0	0	$d_0=$	6	600	$d_6=$
1	100	$d_1=$	7	700	$d_7=$
2	200	$d_2=$	8	800	$d_8=$
3	300	$d_3=$	9	900	$d_9=$
4	400	$d_4=$	10	1 000	$d_{10}=$
5	500	$d_5=$			

表 12－2　测量钠光双线波长差数据记录表

被测量/mm	d_1	d_2	d_3	d_4
测量值				

教师签名：＿＿＿＿＿＿＿＿

剪切线

表 13-1 $U_0-\nu$ 关系

光阑孔 Φ =4 mm　　　　L=400 mm

波长 λ_i/nm	365.0	404.7	435.8	546.1	577.0
频率 ν_i/(10^{14} Hz)	8.214	7.408	6.879	5.490	5.196
截止电压 U_{0i}/V					

表 13-2 $I-UA_K$ 关系

L=400 mm　　　　Φ=2 mm

435.8 nm	UA_K/V		0	4	8	12	16	20	25	30
	I/(10^{-11}A)	0								
546.1 nm	UA_K/V		0	4	8	12	16	20	25	30
	I/(10^{-11}A)	0								

表 13-3 I_M-P 关系

UA_K=30 V　　　　L=400 mm

435.8 nm	光阑孔 Φ	2 mm	4 mm	8 mm
	I/(10^{-10}A)			
546.1 nm	光阑孔 Φ	2 mm	4 mm	8 mm
	I/(10^{-10}A)			

表 13-4 I_M-P 关系

UA_K=30 V　　　　Φ=4 mm

435.8 nm	入射距离 L/mm	300	320	340	360	380	400
	I/(10^{-10}A)						
546.1 nm	入射距离 L/mm	300	320	340	360	380	400
	I/(10^{-10}A)						

教师签名：________________

剪切线

表 14-1　I_A-U_{G2K} 关系测定数据记录表

U_{G2K}/V	I_A/(10^{-7}A)	U_{G2K}/V	I_A/(10^{-7}A)	U_{G2K}/V	I_A/(10^{-7}A)	U_{G2K}/V	I_A/(10^{-7}A)	U_{G2K}/V	I_A/(10^{-7}A)

教师签名：________________

剪切线

表 15-1 油滴平衡电压及时间

序号	平衡电压/V	下落时间 t/s
1		
2		
3		
4		
5		
平均值		

教师签名：________________

剪切线

表 16-1　微波波长测量数据记录表

测量次数	X_1/cm	X_2/cm	$\Delta d=\|X_1-X_2\|$	N	λ/cm	$\bar{\lambda}$/cm	相对误差
1							
2							
3							
4							

教师签名：________________

剪
切
线

表 16-2 单缝衍射强度与衍射角的关系

测量度数/(°)	表头左	表头右	一级极大	一级极小	相对误差
0					
2					
4					
6					
8					
10					
12					
14					
16					
18					
20					
22					
24					
26					
28					
30					
32					
34					
36					
38					
40					
42					
44					
46					
48					
50					

教师签名：________________

剪切线

表 16-3 电流随转角变化关系

初始条件:接收器距离中心点位置为____ mm;顺时针为正,逆时针为负。											
活动臂转角/(°)	0	5	10	15	20	25	30	35	40	45	50
电流值/μA											
活动臂转角/(°)	0	−5	−10	−15	−20	−25	−30	−35	−40	−45	−50
电流值/μA											

表 16-4 电流和掠射角之间的关系

掠射角	20°	21°	22°	23°	24°	25°	26°
$I/\mu A$							
掠射角	27°	28°	29°	30°	31°	32°	33°
$I/\mu A$							
掠射角	34°	35°	36°	37°	38°	39°	40°
$I/\mu A$							
掠射角	41°	42°	43°	44°	45°	46°	47°
$I/\mu A$							
掠射角	48°	49°	50°	51°	52°	53°	54°
$I/\mu A$							
掠射角	55°	56°	57°	58°	59°	60°	61°
$I/\mu A$							
掠射角	62°	63°	64°	65°	66°	67°	68°
$I/\mu A$							
掠射角	69°	70°					
$I/\mu A$							

教师签名:________________

剪
切
线

表 17－1　牛顿环数据记录表格

$\lambda=589.3\ \mathrm{nm}$

环数	环位置/mm		环径 D_m/mm	环数	环位置/mm		环径 D_n/mm	$D_m^2-D_n^2$/mm
	环心左	环心右			环心左	环心右		
16				11				
15				10				
14				9				
13				8				
12				7				

表 17－2　空气劈尖数据记录表格

$N=$＿＿＿＿＿＿条

坐标位置	L_0	L_{10}	L_{110}	L_s
单位:mm				

教师签名:＿＿＿＿＿＿＿＿＿＿

剪
切
线

表 18 - 1　衍射角数据记录表

亮条纹位置(度、分)	级数 k			
	-2	-1	$+1$	$+2$
φ_k				
φ'_k				

教师签名：________________

剪切线

表 19-1 测量三棱镜顶角数据记录表

望远镜角位置(度、分)			
望远镜垂直于 AC 面		望远镜垂直于 AB 面	
φ_-		φ_+	
φ'_-		φ'_+	

表 19-2 测量三棱镜最小偏向角数据记录表

望远镜角位置(度、分)			
望远镜对着 AC 面		望远镜对着 AB 面	
φ_-		φ_+	
φ'_-		φ'_+	

教师签名:________________

剪
切
线

表 21-1 压电元件的频率响应测量数据

F/Hz	5	7	12	15	17	20	25
V_{P-P}/V							

表 21-2 热电偶定标数据记录表

室温 t ________℃ E_{N-t}= ________V t_0= 0 ℃

序 号	1	2	3	4	5	6	7	8	9	10
温度 t/℃										
电动势/mV										
序 号	11	12	13	14	15	16	17	18	19	20
温度 t/℃										
电动势/mV										

表 21-3 Pt100 铂电阻数据记录表

室温________℃

序 号	1	2	3	4	5	6	7	8	9	10
温度/℃										
R/V										
序 号	11	12	13	14	15	16	17	18	19	20
温度/℃										
R/V										

表 21-4 NTC 负温度系数热敏电阻数据记录表

室温________℃

序 号	1	2	3	4	5	6	7	8	9	10
温度/℃										
R/V										
序 号	11	12	13	14	15	16	17	18	19	20
温度/℃										
R/V										

教师签名：________________

剪切线

表 21－5　PTC 正温度系数热敏电阻数据记录

室温________℃

序　号	1	2	3	4	5	6	7	8	9	10
温度/℃										
R/V										
序　号	11	12	13	14	15	16	17	18	19	20
温度/℃										
R/V										

表 21－6　Cu50 铜电阻数据记录表

室温________℃

序　号	1	2	3	4	5	6	7	8	9	10
温度/℃										
R/V										
序　号	11	12	13	14	15	16	17	18	19	20
温度/℃										
R/V										

教师签名：________________

剪切线

表 22-1 3种太阳能电池的暗伏安特性测量

电压/V	电流/mA		
	单晶硅	多晶硅	非晶硅
−7			
−6			
−5			
−4			
−3			
−2			
−1			
0			
0.3			
0.6			
0.9			
1.2			
1.5			
1.8			
2.1			
2.4			
2.7			
3			
3.3			
3.6			
3.9			

教师签名：________________

剪切线

表 22-2 3种太阳能电池开路电压与短路电流随光强变化关系

距离/cm		15	20	25	30	35	40	45	50
光强 I/(W·m^{-2})									
单晶硅	开路电压 V_{OC}/V								
	短路电流 I_{SC}/mA								
多晶硅	开路电压 V_{OC}/V								
	短路电流 I_{SC}/mA								
非晶硅	开路电压 V_{OC}/V								
	短路电流 I_{SC}/mA								

表 22-3 三种太阳能电池输出特性实验记录表

单晶硅	输出电压 V/V	0	0.2	0.4	0.6	0.8	1	1.2	1.4	1.6	…
	输出电流 I/A										
	输出功率 P_0/W										
多晶硅	输出电压 V/V	0	0.2	0.4	0.6	0.8	1	1.2	1.4	1.6	…
	输出电流 I/A										
	输出功率 P_0/W										
非晶硅	输出电压 V/V	0	0.2	0.4	0.6	0.8	1	1.2	1.4	1.6	…
	输出电流 I/A										
	输出功率 P_0/W										

教师签名：____________

参考文献

[1] 国际标准化组织. 测量不确定度表达指南[M]. 北京：中国计量出版社，1994.

[2] 国家质量技术监督局. 中华人民共和国国家计量技术规范：JJF 1059—1999 测量不确定度评定与表示[S].

[3] 李金海. 误差理论与测量不确定度评定[M]. 北京：中国计量出版社，2007.

[4] 项红专. 物理学思想方法研究[M]. 杭州：浙江大学出版社，2004.

[5] 霍剑青，等. 大学物理实验：第一册，第二册[M]. 北京：高等教育出版社，2006.

[6] 周殿清. 大学物理实验教程[M]. 武汉：武汉大学出版社，2005.

[7] 丁慎训，张连芳. 物理实验教程[M]. 北京：清华大学出版社，2002.

[8] 吴平. 大学物理实验教程[M]. 北京：机械工业出版社，2007.

[9] 郑发农. 物理实验教程[M]. 合肥：中国科学技术大学出版社，2004.

[10] 林抒，龚振雄. 普通物理实验[M]. 北京：人民教育出版社，1981.

[11] 石海泉，李超龙，汪涛. 杨氏弹性模量测量的设计性实验[J]. 大学物理实验，2011，24(2)：49-52.

[12] 常相辉，冯先富，张永文，等. 不同温度下空气比热容比实验装置的研究[J]. 物理实验，2011，31(4)：21-23.

[13] 张焕德. 空气比热容比 γ 测量值准确度的研究与分析[J]. 大学物理实验，2010，23(4)：15-17.

[14] 高峰. 压力传感器测量气体等温和绝热过程实验研究[J]. 实验技术和管理，2010，27(5)：50-52.

[15] 张里荃，马艳梅，郝二娟，等. 弗兰克-赫兹实验最佳实验条件及第一激发电位的研究[J]. 物理实验，2011，31(8)：37-46.

[16] 朱筱玮，陈永丽. 充氩弗兰克-赫兹实验研究[J]. 2007，26(7)：46-48.